我的
生活
美学

Tea Table Setting Design

四季和风茶席设计
茶与点心的风雅物语

[日] 浜 裕子 著

陈杨 译

化学工业出版社
·北京·

前言
Preface

"款待"一词，已经深深地浸入我们的生活之中。

当我们宴请宾客时，在漂亮的餐桌设计中，

美酒佳肴，谈霏玉屑，

使宾主双方都享受到美好时光与愉悦氛围。

这就是我追求的待客方式，也是现今活动的出发点。

它既适用于大型晚宴，也适用于三五亲朋好友的小规模聚会。

然而，无论哪种规模的活动，都期望看到宾客们的笑容，

主人希望宾客在那个时刻感受到幸福的心情是不变的。

"来杯茶如何？"

这是待客中最初的步骤。

本书的主题是"茶与和果子的茶席设计"。

将四季应时的日本茶，

作为各种搭配的参考，汇总于12个月之中。

日本茶，犹如"家常便饭"，

因距离我们太近了，

以至于不少人还未曾意识到其妙处。

我也一样，至今在招待客人时，

常用的依旧是上好的红茶或者中国茶，

记忆之中，也未曾见过有人用日本茶来招待客人。

所以，在飘逸着香气、洋溢着笑容的幸福时间里，

从一杯影响日本人审美意识及情感的日本茶开始，

在此为大家呈上四季应时的餐桌搭配设计。

本书的风格，既非茶道，亦非煎茶道。

（茶道使用的是抹茶，煎茶道使用的是茶叶）

能结合现代的生活方式，

随意而不拘泥于形式地享受茶与和果子，

这就是创作本书的初衷。

在抹茶方面，

得到了里千家准茶道教授小泽宗真老师的诸多意见与建议。

此次得益于多方的鼎力相助，

才能完成如此美好的一本书。

如果本书能在各位今后的待客之中发挥作用，

我将深感荣幸。

二〇一四年一月吉日

浜 裕子

四季和风茶席设计

目录 CONTENTS

12个月的茶与和果子的茶席设计

 谨贺新年

 翘首盼春……

 庆贺女儿节(人偶节)

* 本书茶席设计中所使用的餐具及小物件，除一部分由合作店铺提供外，皆为浜 裕子个人私有物品。
* 茶与和果子，除特别标注之外，也多为季节限定品。出售期间，请直接咨询各店。
* 和果子为生鲜食品，实物与刊登的照片在形状、大小上，会有一定的差异。对此，望能得到大家的谅解。
* 本书刊登的信息为截止至2013年12月的最新信息。

日本茶
茶席设计
的基础

设计日本茶茶席需要了解的、有关日本茶及茶具等的基础知识。

浜 裕子式
茶席设计的
七种方法

为了营造出充满着客人们欢声笑语的茶席氛围、
使茶席设计给人以深刻的印象、让待客之道为人称道，
在此介绍七种茶席设计的方法。

1 依据主题概念，设计要简单易懂

要是以岁时记为主题，就要采用与仪式活动等相关的色调及食物，再添入简明易懂的季节必需品。设计尽可能朴实、简单、易懂。

浜裕子式：不要过多地添置各种器皿物件等。

日式茶席，简洁而脱俗雅致也是要点之一，留白的美，馀韵不尽。

2 以木制方盘 划分个人空间

人们能够舒适进餐的空间为：肩宽45厘米，再加上伸肘时的15厘米，横向宽度大约为60厘米。纵深需要考虑放置正餐盘和玻璃杯，通常以正常手能够到的范围35厘米为基准。

那么，品茶的场合，空间应该如何确定呢？横向宽度与进餐的空间基本相同；纵深，因不会放置像正餐盘那样的大型餐具，约有30厘米就足够了。为了更好地划分个人空间（饮茶时一个人所需的空间），建议使用茶用餐桌垫或是木制方盘。在木制方盘中放置一人份的用具，可以更加明确地划分出个人空间。

3 在公共空间摆放 小茶壶以及花卉等共用物品

共用物品应配置在公共空间（共用空间），将个人空间与公共空间分开，可以更好地营造出张弛感。

而使用桌旗等物件，更加有效地运用色彩效果也是手法之一。

4 以高度和色彩 突显视觉焦点

日式茶席设计，原本是不使用高大玻璃杯和花器的，更加趋近于平面。然而，为了引人注目而设计出的视觉焦点，是茶席设计使人印象深刻的必要一环。选用有高度的装饰花卉，以及将重要元素抬高一层摆放的手法，都是以高度来突出视觉焦点。另外，运用色彩效果，使用强调色也是手法之一。这两点非常重要。

5 以直线构成形式 营造有张力的设计

和风茶席的演绎，直线构成形式是基本。按照折痕整齐地铺摆餐桌布，将木制方盘沿直线精准地摆放在相应位置。

6 日式餐桌常用不对称结构

西式餐桌一般为左右对称结构，各种各样的器皿物件都以偶数成对构成。而日式餐桌，呈现为左右非对称结构。喜好使用阴阳五行思想中的阳数（吉祥数）中的奇数。

7 灵活运用餐桌布、餐巾以及桌旗等棉麻类织品

根据色彩面积最大的餐桌布，可以粗略判断出大致的整体效果。想设计出怎样感觉的餐桌，可以先从其搭配的色相、彩度、纹样以及质感等开始考虑。

如果想要营造出雅致的氛围，可以选择浊色系餐桌布。如果想营造出时尚现代的印象，就不要选择与所用餐具同色系的，而是要选用能够突显出色彩的张弛感、对比效果强烈的餐桌布。

餐巾可以选用与餐桌布同色同材质的形式，也可以略加一些难度，选择完全不同的色彩以及材质进行搭配。对于有一定餐桌设计经验的人来说，我个人更加推荐后者。

日本茶的种类

日本茶虽然种类繁多，但原材料都是相同的茶叶。
根据制作方法的不同，而形成不同的种类。
在此解说一下日本茶的种类和特点。

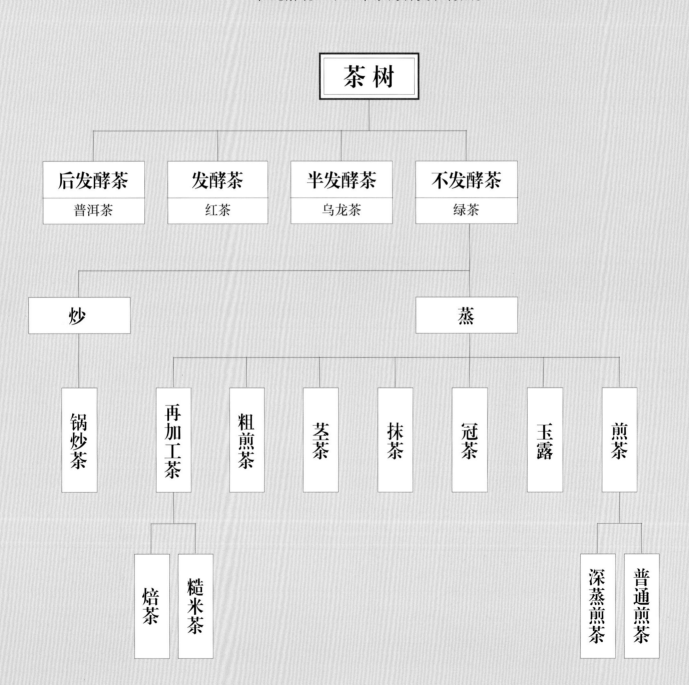

主要茶叶的特征

茎茶

只取茶叶茎部的茶，也叫"棒茶"。涩味、苦味少，入口有清凉感。普通的茎茶价格低廉，但玉露的茎茶被誉为"雁音茶"，属上等好茶。建议冲泡时使用稍温的热水。

抹茶

将茶园罩上棚罩，遮挡住直射的太阳光而栽培出的茶叶，用石磨碾碎制成粉末状而成。在极强的苦味中，又使人感到一种芳香、甘甜之味。在品茗会上，有浓茶和淡茶之分，淡茶冲点较为随意。（点茶为茶道术语。）

玉露

与煎茶不同，是由遮挡日光直射而栽培出来的茶叶制成。因与香醇口感相关的氨基酸含量很高，所以味道醇厚圆润，入口之后留有余韵。其特点是，与被称为"覆盖之香"的海苔有着相似的香味。

煎茶

甘味与涩味平衡适中，味道清爽，在日本最为人们所喜爱。"普通煎茶"是蒸后，边揉搓边干燥而制成的，但"深蒸煎茶"要比普通煎茶多蒸2～3个小时。

焙茶

将煎茶、茎茶以及粗煎茶等高温炒制而成。高温炒制，可分解咖啡因及丹宁，减少苦味和涩味。此茶味道清淡，有益健康。其香味独特，且能养胃，可以多饮。

粗煎茶

一般来说，是指用采了头道茶及二道茶之后的叶或者茎制作的茶。但是，因地而异，也有定位为"在制作煎茶的过程中被筛掉的下等煎茶"。与煎茶相比，味道更加清淡，且含有淡淡涩味。

锅炒茶

不蒸茶叶，而是直接用锅炒制而成的茶。具有一种称为"锅香"的独特芳香，味道清爽。冲泡的茶色略带一些黄色，主要栽培地在宫崎以及佐贺等九州地区。

冠茶

与玉露及抹茶相同，也是将茶园罩上棚罩，遮挡日光直射而制作出的茶叶。但是，罩上棚罩的期间，要比玉露短一周左右。因此，它既有像玉露那样醇厚圆润的味道，也有着如煎茶那般的清爽之味。

   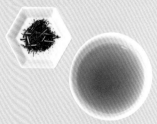

日本茶的芳香美味冲泡法

泡茶，是日常生活中极为平常的事。但为了冲泡出一杯比平时更加芳香美味的好茶，下面就来介绍一下浜裕子式的简易冲泡技巧。

【 基本冲泡法 】

煎茶两人份，到第二道茶为止仍能保持芳香美味的份量。

1 将沸腾的开水倒入茶壶。这一道工序，可使开水冷却下来，并烫暖茶壶。（每做一次，可降温10℃左右）。

2 将茶壶中的开水分别倒入各个茶杯中。茶壶中剩下的开水，倒入建水（茶道用语）中。

3 茶叶的量为一茶勺（约5克）。此量完全可以冲泡出二道芳香美味的茶水。

4 将倒入各个茶杯的开水，再分别倒回茶壶。此时，开水的温度约为75~80℃。

5 将茶壶盖盖上，放置约1分钟（我不主张摇晃茶壶，因为一摇就会出现杂味）。一分钟后，为了使味道均匀，可先倒入茶海（茶道用语）中之后再倒入茶杯，或者直接依次旋转倒满各个茶杯。

6 将茶壶嘴朝着正下方，把壶中茶水倒尽。要是有残余，冲泡的第二道茶中就会留有涩味及苦味。

几种主要茶叶冲泡方法的要点

玉露

准备好小茶杯和冷却开水用的容器，将开水冷却到40℃左右之后再注入茶壶。蒸泡约2分钟之后，依次旋转倒入茶杯。

煎茶

普通煎茶与深蒸煎茶的冲泡法相同（参照本书第8页），蒸泡的时间，相对煎茶的1分钟左右来说，深蒸煎茶约以30秒为佳。

抹茶

在抹茶茶碗中放入经滤茶网过滤过的抹茶粉，茶匙（茶道用语）约1.5勺（1.5g克）。再将80℃左右的开水，倒入茶碗七分满处。用圆筒竹刷搅拌，使抹茶粉溶化均匀，手上动作要迅速并且按照同一方向搅动。

粗煎茶

准备一个大号茶壶，倒入高温滚烫开水，蒸泡约1分钟之后，倒入茶杯。

玉露

准备一个大号茶壶，倒入高温滚烫开水，蒸泡约30秒之后，倒入茶碗。

凉茶的快速冲泡方法

凉茶，一般分为冷水冲泡和冰块冲泡，但不管使用哪种方法都需要时间来提取茶香。在此，介绍一种可快速品味正宗凉茶的方法。

1 将一茶勺（约5克）的茶叶放入茶壶。

2 倒入少量的开水，冲开茶叶。

3 将能盖上壶盖量的冰块放入茶壶中。

4 加水盖上壶盖。塞住壶嘴和透气孔，稍用力摇动茶壶。

5 待茶壶变冷，壶表面覆盖一层薄薄的水滴，美味正宗的凉茶就制成了。

※为了让大家更加容易地辨别茶的颜色等，在此特意使用了白色宝瓶（茶道用语）。本来，宝瓶（茶道用语）是用于玉露这种以低温来冲泡的茶叶。因此使用开水时，注意手拿放时不要被烫伤。

日本茶与和果子的美味组合

在此，介绍一些与各类茶的香味、甘味、苦味、涩味等的强弱及特性相配的和果子，搭配成茶与和果子的美味组合。

抹茶 + 日式小豆粉霜糖带色点心

这种小豆粉点心，食后感到口中甘甜之时，饮上一口凝聚着苦味、涩味、香味的抹茶会格外的回味无穷。抹茶及冠茶等口感强烈的茶，与味重以及甜味强烈的点心十分相配。

煎茶 + 牡丹饼·煎饼（脆饼）

豆馅儿，对于具有苦味、涩味并且茶味独特的煎茶来说，是十分相配的。牡丹饼的甜豆馅和咸味的煎饼，与味道醇厚涩香的煎茶，可以称得上是一种完美的组合。

粗煎茶 + 小馒头（豆沙包）

粗煎茶，苦味少，味道清淡，是餐中、餐后以及日常生活中常饮的一种茶。点心也应避免小豆粉霜糖点心及萩饼等过甜的种类，可以大口大口享用的小馒头与粗煎茶就是一种很好的搭配。

焙茶 + 水无月（小豆粒馅米粉糕）

水无月及水羊羹等清凉系和果子，无论与哪种凉茶组合，都是出众的搭配。特别是焙茶，涩、苦味少，口感清爽，非常适宜与较为不太甜腻的和果子搭配。

冠茶 + 柿饼

对于甘味和香味醇厚的冠茶来说，相配的和果子也应十分有个性，与柿饼浓郁的甘甜就十分投缘。

茎茶 + 烤年糕

在和果子中相对不太甜的烤年糕，与口感清爽适宜多饮的、无癖性的茎茶十分相配。

基本必需品的选择和使用方法

从花艺和餐桌设计者的视角甄选出与茶相关的，既注重实用性，又具有设计感；既可爱讨喜，又能恰当诠释主题的物件。

形式多种多样，选择的要点包括以下四点：①造型设计要称心如意；②易拿称手；③不易堵塞；④茶叶渣易清除。

侧把茶壶

大约能装5人份的容量。主要用于访客人数较多时。

万古烧侧把茶壶

侧手把型，是一种最为普及和传统的茶壶。把手称手且使用方便。

宝瓶（白色）

主要适用于玉露及高级煎茶，但因其造型时尚又便于使用，在本书中也会多次登场。

宝瓶

无手把，主要适用于像玉露及高级煎茶这种需用低温冲泡的茶。

铁壶

近几年在巴黎也极有人气的一款彩色南部铁器茶壶，但其容易生锈，需注意保管。

大型茶壶

这是从越南买回来的，特别喜欢它的设计。也可将茶放入茶包中使用。

一些便利的茶具

焙煎用平底沙锅（沙浅儿）

可直火烘烤、炒茶叶的器具。可以用它制作一些自家亲手炒制的焙茶。

点心盘（和果子盘）

点心器具，其素材多种多样，有漆器、白瓷、陶器、木制以及玻璃器等。大家可以根据季节以及格调等级，选择相应的素材器皿。

时尚茶碗

外侧为银色，内侧为白色。小巧而纤细，适用于玉露及高级煎茶。

白瓷茶碗

白色的茶杯，使茶水色清晰可见，是值得收藏的一款。

淡绿色茶碗

略微的淡绿色带给人一种清凉之感，是夏期爱用的器皿。

九谷烧茶碗

金彩点缀、富贵华丽的九谷烧，因杯面绘有梅花，适宜于1~2月的梅花季节限定使用。

土陶器茶碗

是一种拿在手上有温和感的茶杯，因为是正统派的款式，适用于各种茶。

西式茶杯与托盘

没有把手的款式，用途广泛。托盘若是换为（和风）茶托，立刻变身为日式风格。

西式茶杯与托盘

原本是作为意大利特浓咖啡杯而购入的，但根据设计主题，有时用于日本茶，也没有什么不协调的感觉。

茶杯（筒茶杯）

这是一种日常使用的筒型茶杯，主要用于粗煎茶以及焙茶等，适用于盛装量大的茶。

【 点心盘 （和果子盘）

点心器具，其素材多种多样，有漆器、白瓷、陶器、木制以及玻璃器等。大家可以根据季节以及格调等级，选择相应的素材器皿。

三岛烧小碟

除用于点心盘外，也能作为普通小碟使用。而且既能用于时尚风也适用于古典设计。

白瓷青海波小碟

除作为点心盘外，也能作为普通小碟使用。能够突显出纹样，是摆盘时的要点。

青海波纹样小碟

越前漆器，银色质地，并带有寓意吉祥如意的青海波花纹。

陶制器皿

根据设计搭配不同，既可朴素又可时尚，使用起来十分方便。

土陶器盛物盘

京都的艺术家之作。此盘主要用于盛放高级和果子等。

朱色漆器点心盘

漆器颜色为红色，因而也适用于喜庆的宴席。

【 茶托·杯垫

衬托茶杯的重要配角。除了茶托，与杯垫的搭配也能给人以耳目一新的感觉，从而更加享受品茶的过程。

木制茶托

最适合与土陶器类具有温和感的茶杯等搭配。

春庆涂漆器茶托

春庆涂特征显著的酱红色亮漆茶托。也适用于日常休闲。

黑漆茶托

黑色漆制茶托，使茶杯的底座稳健紧致，给人以端庄凛然的印象，显得格调高贵。

皮革制杯垫

展示出时尚有型而又潇洒新潮的餐桌风格。

南部（盛冈）铁器茶托

虽然素材质地坚硬，但因形状为椭圆形，亦可用于休闲娱乐的场合。

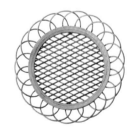

竹编茶托

即使放置普通玻璃杯，也会显得姿态十足。此茶托主要适用于夏季。

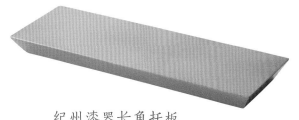

纪州漆器长角托板

长角托板适用于时尚现代风格的设计搭配。

白瓷长角托板

既可当作点心盘，也可作为茶托，通用性很高。

木制套盒（重叠式多层方木盒）

巧妙地运用木材的质感，蕴含素朴之味的套盒，非常适合休闲的场合。

银色漆器台座

在设计中，需要突显高度时使用。作为点心器皿或是作为搭配中的必需品而使用，随着创意的变化而有无限可能。

布

在餐桌总面积中占有极大比例，因此是左右整体平衡的重要道具。如果能够备有色彩丰富的各式桌旗、餐巾以及茶席餐桌垫等，在设计中感到效果略显不足时，可作为重点色而点缀使用。

最适合茶席的花卉装饰方法

原则上说，在和风茶席的餐桌设计上，是可以没有花卉的。但是，如果添加一枝花，而使氛围变得柔和恬静，整体空间也会更具魅力。在此介绍一些以少量花材展现魅力效果的实例。

形态各异的玻璃花器，小巧玲珑、可爱讨喜

在休闲风格的餐桌上，让我们尽情玩赏花器。在巴黎寻得的这些形态各异的玻璃花器中，插入飞燕草、鸡冠花、千日红以及多花素馨等，尽显婀娜娇媚。

展现出凛然绚丽的水仙花的美

在纪州涂漆器的单支花器中，插饰着报春之花，水仙一朵。花器中嵌放着小玻璃管。

花器虽小，却有着强烈的存在感

在浅草桥日式餐具店寻得的单支花器。因为有两个口儿，可以组合两种花材，比如黑米和火龙珠（金丝桃）。

将立体美术品作为花器，
用少量花材大胆的搭配装饰

将形状怪异有趣的立体艺术作品作为花器使用。其上放置小玻璃盘，并布置好花泥，仅用安祖花、银荷叶以及新西兰麻进行插花造型。

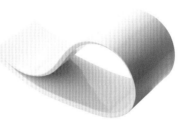

宛如随着秋风
摆动一般的婀娜姿态

黑色陶器的单支花器中，装饰着大波斯菊（秋樱）和杜鹃两种同色系的花材，其姿态犹如在柔和的秋风中摇摆一般。

利用玻璃水盘中打造凉爽之花

在玻璃水盘中盛满水，将铁线莲缠绕成花环状置入其中，充分利用蔓性花材的特性，营造出清新自然的氛围。

简单而美味的日本茶鸡尾酒

在家里就能简单制作的日本茶鸡尾酒秘方。
无论哪一种，都清淡爽口，并有着圆润的口感。

用杜松子酒和日本酒调配出的充满
煎茶醇厚芳香的和风马丁尼鸡尾酒

煎茶鸡尾酒

材料（一杯量）
深蒸煎茶……30毫升
日本酒……15毫升
杜松子酒……15毫升
绿色利口酒（烈性甜香酒）……数滴
麝香葡萄……1粒
柠檬果皮（装饰用）……少许

制作方法
1 把冰制的深蒸煎茶冲泡的浓厚一些。
2 加入日本酒和杜松子酒，搅拌。
3 放入一粒麝香葡萄。
4 滴入数滴绿色利口酒。
5 装饰上柠檬果皮。

用量贩的柚子酒和深蒸煎茶
调配出的稍稍有些甘甜的鸡尾酒

煎茶柚子酒

材料（一杯量）
深蒸煎茶……20毫升
柚子酒……40毫升
柠檬薄片……1片

制作方法
1 在玻璃杯中放入碎冰块。
2 倒入冰制深蒸煎茶。
3 加入柚子酒。
4 在玻璃杯边沿处挂上柠檬薄片。

夏季强烈推荐！
无论是外观还是味道，都是无比凉爽

抹茶清凉鸡尾酒（Mojito）

材料（一杯量）
抹茶（含砂糖）……50毫升
朗姆酒（白色）……20毫升
苏打水……适量
薄荷……适量
青柠檬果皮……适量

制作方法
1 点好抹茶倒入玻璃杯。
2 放入冰块，缓缓地倒入朗姆酒。
3 放入薄荷。
4 将苏打水倒满玻璃杯。
5 用青柠檬果皮装饰玻璃杯。

12 个月的茶与和果子的茶席设计

请欣赏结合四季应时节气及活动而摆设的，以茶与和果子来待客的 34 种茶席设计样式。

一 月

一月 / 谨贺新年

农历 ❖ 正月（睦月）

新年伊始，神清气爽，
以品茶会庆贺新年

"恭贺新年！"

新年伊始，首先要在家中迎接年神，

表达对能够平安顺利地迎接新年的感谢之情。

并且，为了能够无病少灾、健康顺遂地度过这一年，

满怀祈愿与希望的正月，是非常隆重盛大又特别的日子。

在元旦所饮用的恭贺新禧之茶是"大福茶"，

在一年中首次品茶会的"初釜"等，

也会依据活动需要而饮用特定的茶。

一月为年初相互问候拜会之月，

敬茶及供奉等也会随之增多。

佳节之际，总是想用珍藏的好茶以及应时的和果子来款待客人。

常常会被问到美味芳香之茶的冲泡方法以及茶叶的挑选方法，

与时间场合相称、与对方的喜好相应、适合的冲泡方法，

以及用心精心冲泡，应该都是构成美味好茶的重要因素。

感受到"美味芳香"，也是因人而异的。

有时，耐心细致地慢慢冲泡出茶的甘香，

有时，因睡眠不足而感到疲劳之际，

以滚烫开水引导出茶的涩味，也不失为另一种招待方式。

如果能够尽情享受慢慢品味一杯大福茶的时间，

那是多么令人高兴呀！

以大福茶
心情愉悦地迎接元旦

将新春的祝福和一年无病消灾、健康顺遂
的期望寄托于大福茶之中，心情愉悦、神
清气爽地恭贺新年。将茶与和果子，盛置
于正月特别的吉祥器皿中，寓意福禄双至。
在神圣色彩的白色桌布上，装饰着张力十
足的餐桌设计，这里要注意保持折痕整洁。

以日本的庆贺之色，红白与黑相搭配的、张力十足的餐桌设计。

**在特别隆重的节日里，
所备的餐桌器具都应该是优质的上等品**

新年伊始，庆贺元旦的茶是"大福茶"。餐桌上使用的是与节日相称的漆器物件。平时一般不会重叠使用的木制方盘，特意将红色与黑色的尺寸不同的漆器方盘重叠在一起，表现出设计上的风雅之趣。还有桌子中央摆设的花器和置放有日式点心小碟的托盘，也是黑漆器。另外，盛放小豆粉霜糖点心的和果子盘，是有着青海波纹样的越前漆器。总之，在特别隆重的日子里，要使所备器具的格调一致，创作出非日常的空间来。花材为梅花和文心兰，梅枝要稍长一些，以体现其高度和动态感。

茶

**可以祛除一年的邪气，
恭贺新年的"大福茶"**

大福茶是正月的吉祥物。据说很久以前，京都流行起了瘟疫，有位僧侣就以茶代药治疗病患，为了效仿其德，当时的天皇在元旦这天也开始服用茶，从此流传至今。在此，特意挑选了香醇的糙米茶。

将炒熟的糙米掺入上等粗煎茶中制成的"大福茶"/一保堂茶铺

和果子·器皿

**与正月相称的
形状喜庆的
和果子与器皿**

在越前涂的青海波纹样的点心器皿上，盛放着雕成正月的松树形状的高档新鲜和果子。

恭贺新年的高档新鲜和果子与器皿。

茶器

**洁白细腻的茶器，
使人精神也为之一振**

为了能够清晰地看到放入大福茶中的海带结和梅干，特意挑选了洁白细腻的瓷茶杯。茶杯沐浴着阳光，闪闪发光。这是多么幸福的一杯茶啊。

镶嵌着薄贝壳的白瓷器皿。

在新年的初次
品茶会上的致词

天天奔走于各类正月新年相关活动的日
子，终于在小正月（农历正月十五日，中
国的元宵节）前后告一段落。新年的初次
茶道活动就要开始了。首先是点（沏）茶，
以及新年初次见面的问候。在这新的一
年里，也请多多关照。

茶席设计的要点

以引人注目的搭配设计
给人带来冲击效果

倘若是女性的聚会，在华美欢悦的氛围中，一定很想品一杯初春之茶。白色餐桌布上，摆饰着朱红漆器点心盘，和果子也以红白团状（在糖煮栗子、豆子等外面裹上白薯泥、豆泥的点心）来配合设计。花卉要是摆在侧面的位置，即便是稍大的花艺造型也不会影响整体美观。色彩的效果以及插花的视觉焦点等，引人注目的搭配设计会给人留下深刻印象。

在桌子上准备着点抹茶专用的茶道具。

茶

在餐桌上品茶，
可简便而轻松地点薄茶（淡抹茶）
来享受抹茶的乐趣。

抹茶，具有茶道的形象，因此若是不懂其礼节规矩，常常会使人敬而远之。但是，若是淡抹茶，点茶方法并不难，能够轻松随意地享受。使用圆筒竹刷快速搅拌，当起了极为细小的泡沫后，转动圆筒竹刷慢慢收起即可。

青山之白/一保堂茶铺

朱红漆器的点心盘与华美的抹茶茶碗，尽显风华。

和果子·器皿

以招福的"初梦"
干和果子祈愿
幸运满载的一年

摆放在桌子中央的是以细腻的和三盆（结晶细小的优质日本砂糖，与从中国进口的唐三盆在名称上相对应）制作的"初梦"。吃不完时，可用怀纸包上带回。

初梦/骏河店

茶器

施绘了金彩等的
华美气质的
抹茶茶碗

为了与新年初次见面相互问候的茶会相称，专门准备了华美而又有庆贺纹样的淡抹茶用茶碗。右图中的茶碗，为金彩绘配上青竹的押小路烧（译者注：押小路指京都，也称京烧）。

抹茶茶碗的底部，刻印着窑户或是制作者名字。

以黑豆茶
舒适自在地享受片刻
悠闲的品茶时光

大寒时节，分外寒冷。不想来杯热乎乎的
滋养黑豆茶，暖和暖和身体吗？不知怎
的，总觉得只有在这个空间里才能感受到
"春天已经临近"的讯息。葫芦形的器皿
上，摆放着貌似洋果子（西式甜点）的日式
甜点，装饰出满含趣味的餐桌。

茶席设计的要点

将具有温和素材感的器皿统一搭配，保持一致性，给人以温馨的印象

休闲风格的茶席设计，器皿也充满了趣味。造型独特的器皿、土陶器、充分运用木纹的套盒以及特别的根来漆器（译者注：在根来寺制作出的漆器）等，乍一看显得有些零乱琐碎的各式器皿，因为都具有温和的素材感而达成统一，给人以温馨的印象。餐桌中央摆放的套盒旁边，装饰着一枝水仙，演绎春天到访的景象。可以以一种舒适自在的心情，安静地享受这品茶时光。

茶

富含益于健康和美容成分异黄酮的香醇黑豆茶

黑豆茶，据说是可以治愈疲劳身体的滋养茶，既可以用水壶煮泡，也可以将两大勺左右的豆子，放入茶壶倒入热开水，蒸泡上3～4分钟就成了。

黑豆茶/宽永堂

想要端出多种点心时，用小套盒，就无需中途退席准备了。

和果子·器皿

在造型独特的器皿上，摆饰着和风的点心

小巧可爱的葫芦形器皿上，摆饰着"和三盆"色调柔和靓丽的三色点心，以及模仿梅花样式的"最中"（豆馅糯米饼）。以此，演绎出一种使人心境平和、毫无拘谨感的茶席餐桌设计。

香Holon（一种创作和果子名）/Wa.Bi.Sa

茶器

捧在手上，似乎让人立感安心的土陶器茶杯

与茶壶配套的土陶器茶杯。

质地较厚的土陶器茶杯与木制的茶托，除以开水冲泡出的黑豆茶之外，作为粗煎茶、焙茶以及糙米茶等的茶具，也是十分相配的。

【 寓意吉祥的和果子 】

新年伊始,适宜恭贺新年的寓意吉祥的和果子

菱葩饼

也称"花瓣饼",是正月里具有代表性的和果子。"菱葩饼"之名来源于日本古代宫中正月活动"固齿仪式"御用的、用薄糯米饼包着菱饼及牛蒡的点心,别称包杂煮。现在是用纯白柔滑的糯米饼包上代替盐腌香鱼的牛蒡和味增陷。/玉屋(和果子店)

紫寿

按印着"寿"字纹样的小豆馅点心。亮丽的紫色,使餐桌更加华丽夺目。/梅园(和果子店)

乐乐祝

竹叶上系结着祭神驱邪幡,表现了祈求丰年的神乐(乐乐舞)。/玉屋(和果子店)

新玉

山药馅点心,模仿盛放祝贺之酒的葫芦样式。其逐渐开展的形态寓意吉祥。/玉屋(和果子店)

福寿草

亦有元旦草之名,模仿福寿草制作的小豆馅点心。/森八(和果子店)

干果子迎春

入口即溶,口感柔和的干果子。表示招福的初梦三果子:一富士山、二鹰、三茄子。/玉屋(和果子店)

有平糖

有平糖是从葡萄牙传入的糖果点心。样式以吉祥物、幸运符为主。/鹤屋八幡(和果子老铺)

鹤与龟

适宜用于新年的、描绘着可爱的鹤龟图样的喜庆虾煎饼(脆饼)。/桂新堂(和果子老铺)

二月

农历 ✧ 如月

翘首盼春……

天寒进入顶峰，但历象上却已是初春时节以美味香茶与和果子，来享受翘盼春临的时光

二月，农历称为"如月"。

天气依旧很寒冷，衣服也重重穿着好几层，意为"换季更衣"之月。

另一种说法是阳气复苏，意喻草木萌动的"节气更替"。

如月的语源，有着各种各样的说法。

二十四节气之一的立春，大概是在二月四日前后。

此时，还是无法脱掉厚重的大衣，是寒气最重的时节。

但是从历象上来说，自立春起，春天已然悄悄来临。

而且按农历，从节分第二天的立春起，就是新的一年的开始。

诸如节分（立春前日）、立春以及情人节等，

二月有着太多的节日以及活动。

此时，仿照山茶、梅等早春花卉代表样式的和果子开始登场，

再加上情人节礼物用的巧克力点心等，品种多样。

看到这些甜美可爱的各式点心果子，情绪也自然随之高涨起来。

户外的空气还很寒冷，

但是用中意的器皿一边品尝着醇厚的香茶以及美丽的和果子，

一边翘首期盼着春天的到来……

如此的品茶时光也会使人无比愉悦。

邪气到外面，福气进门来，
立春前日（节分）的时尚品茗会

立春前一日的节分，是指代季节交替的节气用语。以前，立夏、立秋、立冬的前一日也有节分，然而据说从室町时代开始，只有春天的节分，作为一种节气仪式活动被保留了下来。为了驱除一年中的邪气，招福迎喜，撒豆驱赶恶魔，之后关上窗户，举办一场时尚品茗会。

吃不尽的福豆，也可作为福茶品尝。在茶中添加咸海带、梅干和三粒福豆。

现代感十足的时尚配色，
演绎出成年人也能够尽情娱乐的节分氛围

在市松纹样（两种颜色相间的方格花纹）的餐桌布上，搭配着越前漆器的银色木制方盘，使整体展现出一种时尚感。为了给新的一年带来更多的福气，在器皿与和果子上装饰了福娃面具。超市也出售塑料或者纸制的丑鬼和福娃面具，但为了使餐桌设计突显优品味，就需要讲究每一件摆饰。以制作精细、表情和善而招人喜爱的福娃面具，搭配驱邪除魔的柊树枝，演绎出节分的时节气氛。当然，盛有炒豆的木质量器，也是十分重要的摆件。

茶

尽情享用在静冈县牧之原台
地种植出的粗煎茶

与家人一起品茶，还是粗煎茶显得轻松愉快。日本三大茗茶之一的静冈茶，几乎都是种植在位于静冈县中西部的牧之原台地一带。现在所展示的就是牧之原台地的粗煎茶。用滚烫开水冲泡是品味此茶的诀窍。在此推荐与炒豆及油炸甜点江米条一起品味为妙。

粗煎茶/茶都（丸山园）

和果子·器皿

以长角托板盛放粗点心，
展现时尚风味

越前漆器的长方形器皿上，摆饰着桃山福娃面果子、炒豆以及模仿小鬼的金棒样式的油炸甜点江米条。看到这些具有节分时节特色的和果子，忍不住就会伸手过去。

充满趣味的各式和果子。

茶器

雪白的瓷器茶杯和宝瓶（茶壶），
充分展现时尚风格

若想欣赏最为美丽的茶色，还是选用白色茶器为好。因其通用性很高，值得收藏。
适用于上等煎茶及玉露的白瓷宝瓶（茶壶）冲泡出的粗煎茶，极能体现出现代时尚的气息。

正因其简单质朴，才适用于各种场合的白瓷茶杯和宝瓶（茶壶）。

初春时节迎接立春

怀着感恩与祝贺的心情，以高格调的餐桌设计
迎接立春。在隆重的贺席上，摆饰着上等煎茶，
模仿立春代表性花卉山茶样式的上等和果子盛
放在青海波吉祥纹样的器皿上。另外，由于山茶
的花期未到，可先选用相似的花材。

茶席设计的要点

以红与黑的对比搭配体现张力，使古典的器皿也能展现出现代时尚的风范

庆贺的茶席上，多喜用朱红色。在此，更是大胆地使用了朱红色的餐桌布。除此之外，每位坐席上还特别使用了高缘黑漆木制方盘，使餐桌设计整体又提高了一个档次。小豆粉点心的和果子，优雅地盛放在有着青海波纹样的器皿上，旁边还配着朱红漆器的和果子刀。装有五色豆的迷你套盒是石川县的山中漆器。小套盒为梅花形状，上面还绘制了梅花图样，与这个季节分外相配。以红黑两色的搭配体现出张力的餐桌设计，虽然使用了特征鲜明的古典器皿，但营造出与现时相通的时尚印象。

色彩鲜艳的五色豆，装入迷你套盒中，置于餐桌中央。

茶

飘溢着淡淡花香的上等煎茶

此种煎茶有着十分吉祥的名字，称作"御来香"。味道醇厚，甘、香、涩三味并没有特别强烈的特征，整体韵味均衡细腻。有着飘溢的淡淡花香，令人回味无穷，可谓上乘好茶，是非常适用于招待茶席的煎茶。十二月中旬发售，销售期为一周至十天左右，是季节限定品。

御来香，作为正月新年用赠答品也非常有人气。/鱼河岸茗茶

和果子·器皿

白瓷上绘着银彩的青海波纹样器皿，装饰着上等和果子更显雅致

右上是银彩祥云，下方绘着寓意吉祥的青海波纹样的白瓷小碟。合理运用留白处摆放上等和果子。

上等和果子/梅园

茶器

搭配上等煎茶的九谷烧茶杯以及漆制茶托

绘有金彩梅花的九谷烧，与上等煎茶十分相配。这个茶器是我从孩提时代起，在老家每逢春天就会使用的茶具。是一至二月期间季节限定使用的茶碗。由欣赏器皿延伸至喜爱季节，这也是日本特有的风俗习惯。

为了使茶托能够映衬出茶杯，特意使用了黑漆制成的托盘。

情人节快乐！
品尝抹茶咖啡的女子茶会

使用了抹茶的饮品，正在逐步渗透着整个世界。以略带欧风感的抹茶咖啡，尽情享受别有一番情调的情人节。各种可爱的甜点，使女子茶话会的气氛更加活跃。

茶席设计的要点

因为是情人节
所以要有爱心、爱心、爱心！

对于情人节的餐桌设计来说，心形的花纹图样是必不可少的。心形的花器中，装饰着深桃色玫瑰，显得华丽而引人注目。抹茶咖啡杯的边缘，挂着心形砂糖，也自然而然地演绎着装饰品的角色。这种心形砂糖，在巴黎百货店看到时便一见钟情，立刻买下，并且很珍惜地带回来。如此的品茶时光，很容易使人情绪高涨，话题也像开了花似的，让人不知不觉地忘却了时间。

花卉还是桃色的可爱。

装饰着非常可爱的心形砂糖。

茶

将市场上销售的抹茶奶粉与
抹茶混合制作出抹茶咖啡

抹茶咖啡是以市场上销售的抹茶奶粉和有甜味的抹茶粉按1:1比例混合，倒入热开水，用圆筒竹刷搅起泡沫即成。需要注意的是，水温低容易结团，因此一定要使用热开水。另外，依据个人喜好，添加砂糖。

抹茶奶粉、抹茶

茶器

以抹茶制成的饮品
反而大胆使用了咖啡杯和托盘

在此，使用了绘着银色轮圈的、现代感十足的时尚咖啡杯和托盘。当然，如果使用陶器的抹茶茶碗品尝，后味也许会更加醇厚。但在混合型的餐桌设计中，给人以自由发散的表达空间，所以即使是使用了西式咖啡杯，也别有一番情趣。

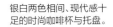

银白两色相间、现代感十足的时尚咖啡杯与托盘。

和果子·器皿

和风马卡龙，
日式与西式的混合型甜点

在迷你点心托架上，摆放着TORAYA CAFE的和风马卡龙。外层以马卡龙的原料，包裹着TORAYA特制的红豆泥馅儿的夹心。这才是真正的日式与西式混合型甜点。

红豆泥馅儿马卡龙/TORAYA CAFE

小饰物的用法

外形美观又实用的带有
圆形钟罩的玻璃高脚杯

带有圆形钟罩的玻璃高脚杯，可以防止点心干燥，是十分方便好用的餐具。

下午茶的必备单品。

报春时节的和果子

一年之中最为寒冷的季节。然而，在历法时节上
却已经迎来了立春。感触春意的9款和果子。

霜红梅

自古以来，人们看到梅蕾初绽的姿态，就会
感到春天的临近。在此，仿照作为报春花卉
而为人们所喜爱的梅花样式，制作红色的
牛皮软糖和果子。表面的白色粉粒是糖浆
粉，表现花朵表面落上一层隐约可见的白霜。
/虎屋

※依照年份不同，出售的颜色也会有所变化。

一花椿（一枝山茶）

仿照山茶花的姿态样式，端庄中尽
显其高雅秀丽，白色豆馅夹心。
/虎屋

※依照年份不同，出售的颜色也会有所变化。

黄水仙

仿照清丽秀美的水仙花样式制作的
外皮松软的烤制生果子。/鹤屋吉信

春之山

寓意淡红色朝霞的春之山羊羹果子。
下面的黑色部分是小豆羊羹。/两口
屋是清

早春之日

以莲蓉羊羹和豆沙羊羹表现出群山
风雪渐渐消融的景致。/两口屋是清

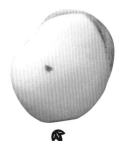

福娃脸

笑口招福。将招福的吉祥物福娃脸
加工于山药豆沙包上。/鹤屋吉信

和三盆糖制黄莺

仿照黄莺样式的干果子。入口即化，
口感柔和。/盐芳轩

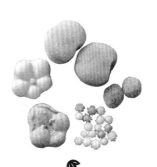

立春大吉

仿照福娃以及梅花等报春吉物样式
制作的干果子和金平糖的小套装。
/龟屋良长

莺饼

沾满了青海苔、圆古隆咚的可爱造
型，使人联想到春天啼叫的黄莺鸟。
/鹤屋吉信

三月

农历 ❖ 弥生

庆贺女儿节（人偶节）

在这明媚舒畅的春暖时节，以各种样式的和果子搭配着茗茶一起欢度女儿节

矗立在女儿节装饰的天皇、皇后人偶两旁，

散放着柔和亮光的纸罩蜡灯，最早被称为"炭火罩"，

相传是以前当茶席上没有客人时，

为了使炭火可以长时间燃着而罩在炉火上的炉盖。

然而，在不知不觉中，就被当作一种照明器具而使用。

因其亮光隐约朦胧，故被称为纸罩蜡灯……。

这种纸罩蜡灯的亮光，就好似披着一层淡淡彩霞的春光。

逐日回温变暖的三月阳光，或许最能使人真实地感受到春天的气息。

而要说到人偶节的代表性花卉，那一定是桃花了。

所以，也将三月称为桃月。

而在农历三月，又正是樱花绽放的时节，故而也称之为樱月。

在人偶装饰道具上所描绘的花卉，

为何多为樱花花瓣，也就完全可以理解了。

人偶节也与其他节日相同，皆源自古代的中国。

原本是将纸和草做的人偶，被除不祥之后，流入河川大海，

随后演变为祭神活动。

在平安时代，人偶节是贵族们每年定例的高雅活动，

而到了江户时代，已广泛传至日本各地。

如今，已成为祝愿女孩子健康成长的祈愿节日而深入民心。

从面向孩童们的少儿茶会，到恬静适意的成人女子茶会，

以灵活多变的祝贺方式来欢度女儿节。

带上茶具箱，享受郊游氛围

以朱红色餐巾布来替代茶道中特用于野外茶会的红毛毡，营造出明朗愉悦的节日气氛。而使用茶具箱，能更尽情地享受现代人偶节小游戏的乐趣。

茶席设计的要点

**使用的各式摆件，要与茶具箱的格调相匹配
整体的餐桌设计体现出稳重的风韵雅趣**

在餐桌席位上品尝抹茶时的建议。一般来说，在正式的茶会上，大家并非是同时开始品茶的。而在家中待客时，如果能像享用煎茶与红茶那样，一起品味一下抹茶也是不错的选择。而且，甘甜的和果子，如果能与略微苦涩的抹茶一同品味，反而会感到更加香甜美味。红与黑，这样鲜明的色调对比，具有经典时尚的视觉冲击。在餐桌设计中，使各个器皿摆件的格调相一致是极为重要的。只要能与绘有华美描金蒔绘的茶具箱格调相匹配，即便是略带玩乐之意而稍显休闲的风格，整体的餐桌设计也仍然可以保持稳重的风韵雅趣。

茶

**品味将茶叶香味
凝聚其中的淡抹茶**

带着鲜明的绿色，而又香味浓厚的抹茶。对于抹茶来说，温度越高的开水，越能冲泡出细密的泡沫。

青山之白／一保堂茶铺

茶器

装入茶具箱的小型抹茶茶碗

为了能够装入茶具箱，而比一般茶碗稍小的抹茶茶碗。在此展示的是擅长细腻、优美笔法的陶艺家——相模竜泉的作品。

华美的七宝纹样。

茶具箱

为了冲泡抹茶，装有全套必备茶具并便于携带的箱子。主要在郊游或者外出旅行时使用。

小巧而又紧凑地收纳着必备的茶具。

和果子·器皿

玻璃器皿上盛放着亮丽的嫩草绿色金团甜点（山药或白薯泥加栗子或豆的一种甜食）

金团和果子，是由京都·七條甘春堂制作的豆沙馅外裹着白薯泥的"油菜花"甜点。油菜花的嫩草绿色和黄色，展现出春色盎然的景象。点心盘为德国Nachtmann的玻璃器皿。而迷你和果子罐中，盛放的是金平糖（水晶糖果）。

油菜花／七条甘春堂

抹茶茶碗、圆筒竹刷、小方绸巾以及迷你和果子罐等，齐备着约10件茶具。

欣赏小人偶的
女子茶派对

人偶节，若是也能策划成派对风格，略微添加一些西洋元素，孩子们一定会格外兴奋。像雏霰（日本的糖米糕，女儿节食用）以及樱饼等，都是专供于人偶节的传统和果子。只需稍稍变换一下装盘技法，整个气氛就会焕然一新，令人喜爱。

随意自然而又惹人怜爱的小花静静绽放。 日本茶鸡尾酒,装饰着草莓。

茶席设计的要点

选用桃色与嫩草绿色这种明亮色调的托盘,营造欢快可爱的印象

想要设计出可爱而又欢快活泼的餐桌样式,因而选用亮丽的明亮色调多色配色作为重点进行设计。餐桌中央的镜子上,摆放着高度不同的漆器银色烛台以制造出层次感。再在其上摆放玻璃盘,盛放雏霰糖。在其周围,摆放形状各异的小玻璃花瓶,装饰桃花、油菜花以及阳光百合等小花。以少量的花材,达到惹人怜爱的事半功倍的搭配效果,让小孩子们也能立刻注意到小巧美丽的花儿。

茶

品尝不含酒精的日本茶鸡尾酒多少有些成年人的情调

给作为主角的孩子们,来杯有些成年人情调的、以日本茶基调的无酒精日本茶鸡尾酒如何? 使用的是以圆状茶叶为特征的玉绿茶。因没有将茶叶搓揉成线状这道工序,所以成就了其独特的圆润风味。

制作方法:在玻璃杯中放入碎冰块,用茶壶将茶倒入其中,再轻轻地滴入红石榴糖浆。甘甜的红石榴糖浆渐渐沉入杯底,形成色彩鲜明呈分离状的鸡尾酒茶。最后,将草莓装饰在杯口边缘上,整个制作就完成了。

玉绿茶(圆溜茶)

茶器

为了清晰地展现鸡尾酒的色彩而选用的形状独特的玻璃杯

在这种形状独特的玻璃杯中倒入鸡尾酒也挺像那么回事的。

能给人美的享受的玻璃杯。

和果子·器皿

适宜于一人份量的小型迷你套盒,装着人偶节的传统必备和果子

打开盒盖的瞬间就让人感到惊喜的迷你小套盒,可作为单个人的点心器皿使用。在明亮色调的托盘上铺好蕾丝花边的垫纸,上面摆放着迷你小套盒,里面装着雏霰糖和樱饼。

人偶节必备的和果子。

小饰物的用法

以折纸兔来装点餐桌,使其成为餐桌上的亮点

将红缘纸折叠成小兔子的姿态,立刻成为餐桌上的亮点。也能当作金平糖的包装使用。据说,过去即使看不到里面装的东西,根据折纸包的形状就能猜出里面包着哪种点心。

也能用作打包剩余和果子的包装纸。

春分之日是
珍爱自然
敬尊祖先的时节

白昼与夜晚的时长几乎相等时，为春分与秋分之日。此时，太阳由正东升起，由正西落下。佛教认为，极乐净土位于正西方，而太阳由正西落下的春分与秋分时节，也恰好是现世与冥世最易相通的时节，所以要在春分、秋分祭奠彼岸的先祖。

器皿与摆置方式，使牡丹饼与脆煎饼看上去更为时尚。

茶席设计的要点

**以有机玻璃的套盒展示出
现代时尚风格的春分时节餐桌**

餐桌中央摆放着白色漆器木制方盘，其上放置着装有牡丹饼的有机玻璃套盒。这种套盒，既增加了透明感，又给人一种时尚的视觉感。柔和色调的郁金香并未插入花器之中，而是随意捆扎成束摆放着，使整体搭配显的极为清新自然。灰色的餐桌布，搭配白色的餐具和有机玻璃的套盒，色调显得无拘无束。而紫色的茶垫，与餐具错开摆饰着，成为整体设计中的重点色。所有摆设均为直线构成，以此营造出现代时尚感十足的春分之茶。

茶

**适合与豆馅系列和果子搭配的
有着独特醇厚味道的薮北煎茶**

薮北煎茶（深蒸制法），产于静冈薮北。为明治时代静冈县的杉山彦三郎先生，经过苦心研究选育而成，至今仍代表着现代煎茶的优良品种。薮北品种那清爽的香气和充实的味道，吸引着众多懂茶之人的心，广为人们所喜爱。

薮北煎茶/茶都
（丸山园）

茶器

**带有亮点装饰的
白瓷咖啡杯**

两边带着一对小耳朵一样铂金色凸点的小杯子。原本买来是作为意大利特浓咖啡专用杯的，随后不仅仅用于咖啡，也喜欢用于煎茶。无需咖啡托盘或是茶托，可直接与和果子一起，摆放在高缘长方形托盘中。

乍一看虽是欧式风格，倒入日本茶后却也无比相配，名副其实的万能杯。

和果子·器皿

**将牡丹饼与脆煎饼排成一列
摆饰于细长托盘之上**

在凸缘长方形托盘上，摆放着牡丹饼和脆煎饼。即便都是些平日常吃的和果子，当它们排成一列摆放时，好像整个氛围都变得时尚起来。春分，正是牡丹花盛开的时节，牡丹饼因此而得名。它亦是模仿花朵的样式做成，一般来说比萩饼略大一圈。越冬的豆子，要比秋季刚收获来的稍硬一些，因而更适合做成豆沙享用。

替代和果子专用牙签，在此使用了与套盒相同材质的有机玻璃小叉。

小饰物的用法

**套盒变身成花器
将花与和果子一起放入**

在套盒的最底层放入水，将毛茛花头整齐地排列于其中。如此一来，花朵也好似食材一般清晰可见。

三层套盒的最底层里整齐地摆放着花朵。

人偶节的和果子

以下聚集着模仿桃花、贝壳、柳枝、油菜花等样式，与人偶节有着密切关系的各式和果子。

草饼

人偶节原本是为了消除不祥而设立。因此，3月3日也是驱邪消灾之日。因草饼的草香可除恶物，所以自古就被作为人偶节和果子而食用。/清月堂本店

花贝合壳"最中"

淡淡地染成三色的贝壳形薄皮豆馅糯米饼，夹着新鲜水润的豆馅儿，是春季纯手工制成的。/玉屋

油菜花金团

以春天繁盛的油菜花田为意象而制作的小豆馅夹心金团。/鹤屋吉信

桃柳

粉红色为桃花，嫩绿色为新柳，以此为意象制作的金团。/鹤屋八幡

桃色云母

装饰着可爱粉色桃花的块状羊羹。可切成一小块一小块地品尝。/鹤屋吉信

春日

作为人偶节代表花而为人们所喜爱的桃花，烙印及点缀着红色印记的山药豆沙包。/虎屋

京都·季历 贝壳集

模仿各种贝壳样式制成的干果子。/鹤屋吉信

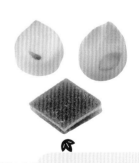

桃凤瑞、桃松露、菱饼

看似鲜点，实为耐存放的半鲜点。因为小巧又被称为"一口香"。/高野屋贞广

四月／赏樱

农历 ❖ 卯月

偶尔以茶代酒，悠然自得地赏樱观花，却是别有一番情趣。

四月，是新一年的开端，
亦是新的相遇、新的环境以及新事物的开启之时，
是梦想可以无限飞跃的时节。
然而，对于总觉得年年都提早了似的樱花开花时节，能忆起的，
也只剩小学和初中的入学式了。
那时，心中满怀着期待与不安，
穿过樱花盛开的隧道去上学的情景，
现在想起真是令人无比怀念。
樱前线正在北上的消息，在电视上不断被播放着，
从还是硬硬的小小花骨朵起，就开始焦急地等待着开花了。
一旦花蕾渐渐鼓起，更是陷入了望眼欲穿的等待之中，
期盼着樱花将整个城市渲染成粉红色调。
绚丽绽放的樱花，当然是最为亮丽的一幕。
但那花瓣如雨般漫天飞舞而又随之凋零的花吹雪，却也更加惹人怜爱。
这或许也是日本人的感性吧。
最能使人们感受季节变迁的，或许就是樱花了。
正因为如此，日本人尤为喜爱樱花。描绘着樱花的器皿数量众多，
而在学校盖得最多的印章，也必定是樱花图样的。
和果子也是如此，带有樱花名称以及樱花形状的点心，
从三月上旬就开始大量上市。
而清淡典雅的樱花色，自古以来就是人们所钟爱的色彩。
樱花深深地烙印在日本人的灵魂中，
对于爱花之人，一起来策划一场休闲娱乐茶会吧！

在樱花树下的茶席，
欣赏春日烂漫的樱花

在水壶里装满开水，用包袱布包裹好装满点心的套盒，走出家门吧。在开满花的樱花树下郊游野餐，格外惬意。而且，樱花茶所带来的春之芳香，令人无限陶醉。

即便是简易的摆饰，比起纸杯，使用陶器作为茶具更为恰当。

餐桌上仅仅是铺上一张餐桌布，就使整体摆饰有了不小的改变

在和煦阳光及柔和春风的沐浴下，大地处处春意盎然，使人不由得想要外出郊游。只需用包袱布包裹上套盒，带上餐桌布，水壶中装满开水，就可以出行了。与裸露的餐桌相比，只需铺上一张餐桌布，就立刻变成典雅的赏花餐桌了。要是再有轻便的木制套盒及托盘的话，就更为便利了。在樱花树下摆放好桌子，悠闲享用樱花茶的餐桌设计。此时若使用纸杯，氛围难免会大打折扣，而且会有被风吹飞的危险。因此使用了陶器茶碗，其他各种道具也选用不易破损的木制品及竹篮筐制品。

茶

**盐腌樱花＋开水＝樱花茶
在茶碗中绽放着美丽的樱花**

樱花茶，只要将盐腌樱花花瓣冲上开水就制成了。开水中，美丽的樱花瓣犹自绽放着，因而也常被用于订婚仪式等喜庆场合。

淡淡清甜的樱花香味使人静心怡神。而且，据说樱花茶所含的特有成分还有着缓解宿醉的功效。

樱花茶

茶器

**白底映衬着粉红，
飘逸着芬芳的白色煎茶茶碗**

樱花茶的深奥妙趣，在于茶碗中绽放着的优美樱花。为了能够清晰的观赏到樱花，特意选择了纯白色煎茶茶碗。因其身低口大，更能突显樱花的芬芳香气。

纯白色煎茶茶碗，适宜搭配多种场景，亦是一款多功能摆件。

和果子·器皿

**将樱花色的福饼
摆放在木制茶席托盘上**

木制茶席托盘上铺着一张粉红色和纸，其上摆放着樱花色的福饼。樱花茶那淡淡的咸味配上外皮像可丽饼的豆沙馅甜福饼，美味无比。

花绽/果匠 清闲院

小饰物的用法

**将盐腌樱花放入小巧的调味
盒中，准备措施也要尽善尽美**

餐桌上放置的带盖小器皿。里面到底装的是什么呢？客人也会兴趣十足。其实里面盛放着做樱花茶用的盐腌樱花。原本是用于盛放各式调味佐料的，因其有盖子，可防干燥和灰尘，十分便利。

一打开盖子，就飘溢出樱花的芳香来。

赏樱时的 Tea Break
（茶歇时光）

♪ 春天来了，春天来了，来到了山里，来到了故乡，也来到了餐桌上。♪ 在此季节，模仿樱花形态样式的点心以及各式摆件，开始相继上市大量出售。整个城市被渲染成了粉红色，心情也随之兴奋欢快起来。同时，也将那春花烂漫的、令人怦然心动的氛围带到了餐桌上。

茶席设计的要点

以柔和的色调、高雅的装饰
表现出春天里愉悦的心情

在此,选择了浅灰粉色带条纹的餐桌布,使餐桌的整体色调稳静而又柔和,展示出雅致的餐桌设计。另外,灵活运用重复排列的法则,使餐桌更加突显出时尚风格。和风餐桌设计,略显不足之感的减法搭配,反而会更加脱俗雅致。即便是点心的摆盛方式,也完全遵循留白之美。如将草团子(掺有艾蒿嫩芽的糯米团子)放入细长型小酒杯等,对于各种器皿的巧妙使用,也是颇下了一番工夫的。

用花毛茛和樱花来装饰布置。　　重复排列的法则。

茶

略带甘甜又带有樱饼
淡淡芳香的煎茶

在此挑选的茶叶是十分适宜樱花季节饮用,被称为"樱香"的静冈葵区的一种煎茶。编号为"静7132",品种特征使人联想到樱饼,入口甘甜、芳香宜人。这并非是掺杂了香料或樱叶,而是100%来自茶叶本身的自然香气。

樱香/茶之间

茶器

模仿樱花样式的茶杯,
在樱花季节使用频率很高

一旦倒入茶水立刻就显现出樱花形态的波佐见烧器皿。既可作为茶杯,也可作为甜点器皿使用,是樱花季节最为适用的器具。

仅从外观来看并不好发现,但一倒入茶水,立刻显现出樱花的形态来。

和果子·器皿

在长方形托盘上留出余白
只简单地放上一个
小豆馅和果子

将高级鲜和果子摆饰在银色漆器的长方形托盘上。银色与粉红色的组合看上去雅致脱俗。使用有机玻璃小叉代替和果子专用牙签。

模仿樱花样式的高级鲜和果子。

小饰物的用法

使用略有高度的器皿
营造出愉悦的氛围

和风餐桌,容易形成平面式的设计,若是使用一些略带高度的摆件,会使餐桌整体设计变得活泼。在此推荐摆饰着樱花小甜点的银色漆器台座以及放入草团子的细长型小酒杯,适用于各种场合。

要是使用有高度的摆件,会使整个气氛活跃起来。

以甜茶（土常山茶）
庆贺花祭（浴佛节）

四月八日是释迦牟尼的诞辰，因此花祭也被称为『浴佛节』。此时，在寺庙建有用樱花装饰的佛堂，称为花佛堂，并在那里安放诞生佛。参拜者以长竹把勺子将甜茶（土常山茶）及五种香水洒于佛像头顶，向佛祈祷。

由银色渐变为淡紫的色调，清新典雅。

茶杯的把手也十分独特。

将大簇的花艺装饰贴近墙壁一侧摆放

大簇的花卉装饰，不可置于餐桌的中央，而应贴近墙壁一侧摆放。如此一来就不会妨碍到用餐者相互间的谈话。插花时，要使樱花显得舒展自然，香豌豆花尽量集聚于一处，而葱花则好似在随意玩乐的感觉。使用银色漆制的花器，恰到好处地营造出清新时尚的印象。

与樱花相关的三种和果子，在器皿摆饰上赋予了变化。更为重要的是，要形成高低差的层次。

茶

浴佛节中必不可少的
具有甘甜口感的土常山茶

所谓土常山甜茶，其实就是用紫阳花的变种"土常山"的叶子干燥之后煎煮饮用。洒于释迦牟尼佛上的土常山茶也被视为灵水，参拜者常将此水装入竹筒，带回饮用，祈求健康。饮用后，口中留香，余味甘甜。

甜茶（土常山茶）

茶器

在樱花季节使用频率很高的
模仿樱花样式的茶杯

凹进去的茶托部分，刚好能够嵌入配套的茶杯。中国茶用的茶杯和茶托与日本的稍稍有些不同。佛教通过丝绸之路进入中国，再由中国经朝鲜半岛传入日本。真想一边品茶，一边回顾一下那悠久的传奇历史。

在东京·合羽桥发现的中国茶器。

和果子·器皿

用黑色器皿衬托粉红和白色和果子
更添时尚韵味

三种和果子，摆饰于形状各异高度不同的器皿之上。与器皿大小相比略显少量的和果子，会给人留下高雅有品位的印象。粉红和白色小巧玲珑的和果子，在黑色器皿的衬托下，更加突显出时尚风格。四方形器皿中盛放着的和果子，是薄皮豆馅糯米点心与甜纳豆组合而成的十分少见的和果子。

恋时雨"丽"/ 清月堂本店　　四季小馒头/ 盐濑本宗家　　甜纳豆薄皮夹心和果子/花园万头

樱花和果子

当树上的樱花还是裹得紧紧的花蕾时，和果子铺里的"樱花"早已经提前一步缤纷盛开了。各种模仿樱花样式的和果子让人目不暇接。

御代之春·红

仿照樱花样式制作的小小薄皮豆馅糯米饼，里面包的是白馅。将平静安详的时代能够持续下去的美好愿望寄托于茗果之中。是全年出售的人气和果子。/虎屋

花馒头

以微甜的生面包着蛋黄馅儿，加上盐腌樱花烤制而成的小馒头。/玉屋

玉屋樱花包

里面包着黏稠的细豆沙馅儿，微微烤制一下，再点缀上盐腌樱花。/玉屋

樱花

烤制成樱花形状惹人怜爱的年糕片，有着松脆的口感。/银座曙

※ 在新宿伊势丹店，每年3～4月限定贩卖。

吉野

仿照吉野樱样式制成的小豆馅点心。/梅园

雅车·樱

外表酥松，入口即化。里面包着樱花馅和小豆馅夹心。/果匠 清闲院

春三色

以樱饼、草饼和时雨羹来表现春色融融的和果子。/玉屋

五月／临近夏日的八十八夜（立春后第八十八天）

新茶季节来临。寻得喜欢的茶叶，用自己所钟爱的茶具，精心冲泡一杯好茶吧。

很早就有"八十八夜告别霜降"的说法，
从此时起，再无降霜，夏天日益临近。
而且，时逢立夏，也正是采茶和播种稻谷的时节。
对于爱茶之人来说是令人无比欣喜的日子，
因为正是芳香新茶到来的季节。
茶店也竖起了新茶到货的旗帜，铺子前面摆满了各地产的新茶。
新茶也和樱花一样，
从屋久岛及种子岛一带往九州、本州推进，渐渐北上。
新茶特有的那种鲜嫩清新的芳香，也只有这个时期的茶叶才能品味得到。
新茶之中，含有许多香味成分的茶氨酸，
可以使大脑放松，具有提高注意力的效果。
购买新茶时，建议一定要试饮，这样可以找到自己喜好的味道和香气。
寻得了自己喜爱的茶叶，实在是难得可喜之事，
因而可再花费点儿工夫，用自己所钟爱的茶具，细细品味一下此茶的美好。
五月是熏风和煦的季节，
此时的新绿最为亮丽，清爽的微风令人心旷神怡，
无论室外还是室内，都是畅意愉悦的时节。
选定餐桌主题，在享用茶香的同时，也可享受一下餐桌设计。
一旦完备了饮食空间的整体布置，就更能体味到茶之芳香了。

期盼已久的新茶季节

在新茶季节，举办一个各式茶试饮的『鉴赏茶会』吧！新茶清爽的芳香，带来了初夏之风。以茶的绿色为主题色彩，所选的和果子也以绿色为主。

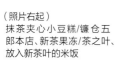

特意展示出茶叶，让客人观赏。

以茶为主角的餐桌设计
茶叶罐也成为装饰性的摆件

将保存茶叶用的铝制茶叶罐摆放于餐桌中心处。当打开茶叶罐时，飘溢出的茶叶芳香也被作为一种款待方式。在质朴的铝制茶叶罐旁，选配了相同材料制成的犹如斜切竹筒似的茶勺。品茶的过程先从观赏茶叶开始，随后用茶勺计量，最后放入茶壶中冲泡。即便是相同的茶叶，因冲茶人的不同，味道也会发生变化。

正因如此，品茶才会成为一件乐趣无穷的事情。设计成现代时尚风格的八十八夜茶席餐桌，请尽情享用新茶。

茶

极度新鲜且
野性味十足的生茶

所含水分较多的生茶，野味更加浓重，可以尽情享受那独特的淡香。因其水分较多，很难长期保存。所以，尽可能在其新鲜度最佳的时候品味。

屋久岛/茶之叶

和果子·器皿

长方形托盘上
整齐排列着一口大小的和果子

对于女性来说，能够小口小口地品尝多种不同味道的点心是再开心不过的事了。与味道甜腻的点心相比，清甜爽淡的和果子更适合搭配清爽口感的新茶。

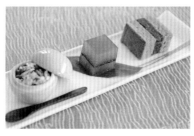

（照片右起）
抹茶夹心小豆糕/镰仓五郎本店、新茶果冻/茶之叶、放入新茶叶的米饭

茶器

传统的纯白煎茶茶碗

茶，在品味的同时，也要欣赏其色其香。正因如此，白色的茶碗，能使人清晰的观赏到茶本来的颜色，故特别推荐使用。

此茶碗，在任何形式的餐桌设计中，都能使用。

五月

临近夏日的八十八夜（立春后第八十八天）

感受着初夏熏风，
清新泠然的端午佳节

日本五大传统节日之一的端午节，最早由中国传入。正好与日本的"忌皋"活动相重合。"忌皋"原本是女子的活动仪式，但自武家社会的镰仓时代以后，就成为了祈愿男子健康成长的节日。初夏熏风拂面，带来清新爽朗的季节，令人心旷神怡。此时，用清甜香茶和和果子，来庆贺佳节吧。

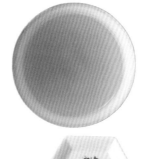

以绿色为基调的五月清爽餐桌设计。

茶席设计的要点

**即便使用单色，
因有浓淡之分也能明确主题色调**

新绿清新、熏风和煦的初夏季节，整个餐桌设计也随之统一为绿色。餐桌布、茶具、木制方盘以及菖蒲叶……，虽然这些全部都为绿色，但是也有浓淡之分，因而并不会有单调之感。四方形的木制方盘以及四角形的入子膳（套用托台）等，均为直线构成，给人一种清新整洁的凛然印象。

菖蒲花插在黑色水盘之中，高高地挺立舒展着，形成视觉焦点。总是出现平面性倾向的和风餐桌设计，若是能将节日或活动的代表性花材以及摆件特意提升高度，就更易突出设计的主题性。

茶

**口有余香，回味无穷
第二泡、第三泡也依旧甘甜**

薮北煎茶品种的"利休茶"，除却甘甜，还有着极为优雅的涩味。一倒出茶来，深蒸煎茶特有的鲜明绿色，立刻就在茶碗中扩散开来。那种悠长的余味，令人印象深刻，第二泡、第三泡也依旧清甜爽口。

宇治玉露茶

茶器

**淡绿色的煎茶茶碗十
分清爽**

这种略微带微绿色的茶碗，是夏季专用的煎茶茶碗。因木制方盘的绿色较深，因而在其上摆放淡色茶碗与之相搭配，再加上黑色茶托，是灵活运用分离法的手法。

茶碗与南部铁器茶托组合。

和果子·器皿

**端午节的庆贺和果子
关东吃柏饼、关西吃粽子**

在端午节吃柏饼，蕴含着子孙繁盛之意。将节日代表性的传统和果子盛放在有机玻璃盘中，营造出现代感十足的装饰风格。

柏饼/仙太郎

小饰物的用法

**东方氛围
的四方形茶器**

在餐桌旁边准备好的成套茶具，是在去越南旅行时购买的。对其并不多见的四方形一见钟情。而下面黑色的托盘，是在印尼的巴厘岛购买的。

茶壶、茶杯都是四方形的。

以上等好茶来庆祝
预示着夏季来临的立夏之日

打开整个窗户，全身心地感受五月那和煦微风的同时，悠闲地品壶茶。惬意地使用宝瓶享用上等玉露茶的奢侈时光。以白色和绿色的两色搭配，庆贺初夏的来临。

梅花空木（花名，也称山梅花）清新水灵又惹人怜爱。

以高低差大胆表现出层次感的花卉装饰。

茶席设计的要点

餐桌的旁边装饰着现代风格的季节花卉

在白色餐桌布上铺饰青绿色的桌旗，展示简洁时尚的设计风格。虽然只有冲绳鸢尾叶和山梅花两种花材，但却摆饰出既清爽又充满张力的现代风格。对于颀长挺拔的花卉装饰，建议摆放在侧面位置。餐桌中央摆放凉茶（以冷水冲泡出的茶）的托盘上的花卉同样是梅花空木。花虽然只有一枝，但可见那份至诚的盛情。

茶

在此选用了有着醇厚芳香的宇治玉露茶

说到宇治茶，人们立刻就会想起因色、香、味俱佳而闻名的玉露。宇治生产的玉露茶在日本可谓是首屈一指。如今的日本茶文化，可以说是起源于京都。据说，在镰仓时代，荣西禅师由宋朝带回的茶种在京都开始了真正的栽培，直到幕府时代末期，才确立了玉露的制法。

宇治玉露茶

茶器

适用于玉露及上等煎茶的现代风茶碗

这是一款薄壁瓷器，口感极佳的茶碗。因其质地轻薄，所以十分适合较低温度冲泡制成的玉露及上等的煎茶。

与南部铁器的茶托相搭配，质朴典雅而又现代时尚。

和果子·器皿

四方形器皿中仅仅盛放着少许和果子，充分展现了留白之美

与黑色方形器皿相搭配的是东京·赤坂的宫内厅御用品承办商盐野家的"山杜鹃"。犹如俳句中所表述的"青叶映入目，杜鹃鸣翠山。翠嫩初夏时，品啖鲣鱼鲜"一般，山杜鹃是初夏五月的风物诗。如此一来，和果子中也被赋予了美丽的季语。

（上）山杜鹃/盐野
（下）干果子/盐野

小饰物的用法

准备好宝瓶，根据个人喜好悠闲惬意地品茶

品味上等玉露茶和煎茶时，推荐使用一人用的小宝瓶。将其放置在茶碗的旁边，依据自己喜好，可尽情随意地悠闲品茶。

本来，这种宝瓶就是专用于低温冲泡的玉露茶的。

〈端午佳节和新绿和果子〉

在此所选的多为代表消灾祈福的端午佳节和果子以及
展现耀眼新绿以及清爽熏风印象的绿色和果子。

柏饼

用柏叶（柞树叶）卷着的夹心豆馅饼·柏饼，是端午
佳节的节日特定果子。一般而言，关东喜好柏饼，而
关西喜好粽子。柏木（柞树），至新芽长出之前旧叶
都不会落下，含有子孙繁荣之意。/仙太郎

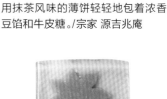

熏风

用抹茶风味的薄饼轻轻地包着浓香
豆馅和牛皮糖。/宗家 源吉兆庵

绿枫叶

表现出溪流倒影中清新水灵的绿枫
叶的清爽夏季羊羹。/鹤屋吉信

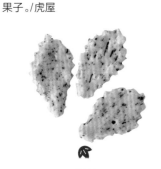

森

好似阳光在新绿季节的叶缝里穿梭，
展现出明亮闪烁的森林形态的金团
果子。/虎屋

绿

展现出随风微微摆动的树木和明朗
的初夏阳光印象的和果子。/虎屋

新茶的水滴

模仿茶田景象的羊羹。带着静冈产
煎茶的清爽风味。/虎屋

青叶

嫩叶形状的年糕片上撒着青海苔，使
口感变得愈加香脆。/豆源

京都·季历 有平糖 水与鸢尾花

模仿有平的水及琥珀色鸢尾花样式
的干果子。/鹤屋吉信

菖蒲饼

在牛皮糖里掺入细碎的核桃果仁，带
着一丝淡淡的酱油味。/宗家 源吉兆庵

六月／恋上紫阳花

农历 ❖ 水无月

当被雨水淋湿的紫阳花散发着七彩光芒时，
很快就要到喝凉茶的时节了

六月的别称·水无月，是阴历上的盛夏时节。

水无月，一种说法是"没有水的月份"，

也有一种说法是指由农田里全是水的"水な月"演变而来，

意为"全是水的月份"。

另外，从持续的高温闷热而格外期盼凉风到来的意思中，

又引申出"风待月"等各种美丽的称呼。

农历上，由立春起的第一百三十五天就进入了梅雨季节。

"淅淅沥沥""滴滴答答""吧嗒吧嗒"等，

雨声的表达方式极为丰富多彩，这或许也是日本特有的文化吧。

有些花，只有在六月的梅雨时节才能欣赏到其美丽容姿。

最具代表性的就属紫阳花了。

有时，因为绽放在路边沐浴着雨水的紫阳花过于迷人，

以至于看得入迷而使人止步许久。

还有与季节变化息息相关的和果子。

这个时期，各种各样的紫阳花和果子开始贩卖，亮丽的色彩令人心动不已。

到了阴历六月的驱邪活动时，就要开始喝凉茶了。

这个时节酷热易出汗，凉茶成为最佳饮品。

过去，冰对于普通老百姓来说属于奢侈品。

因此，模仿冰的样式而出现的，

是阴历六月在驱邪祭祀活动时吃的外郎米粉糕（水无月）。

"冰"这种食物原来是到了这个时代才能随意享用，

心中顿时充满了感谢之情。

池塘水面泛起阵阵涟漪
在滴答滴答的细雨之中
静静享受雨声

一到傍晚，青蛙的大合唱就开始了，合着那滴答滴答的细雨声……被雨水淋湿的紫阳花以及莲叶上积攒的水珠，这些都是日本梅雨时节的美丽景象。一边品尝着窗边摆置好的清茶，一边静静地享受窗外的风景和雨声，这样的时光令人备感幸福。突然感到梅雨季节其实也不错。

芦苇编织风格的托盘，与日式的餐桌摆饰也十分相配。

以紫阳花和青蛙
雅致地表现出梅雨风情

以紫阳花的紫色印象为基调，呈现出雅致的餐桌设计。趴着小小青蛙的茶壶，是从巴黎买回的。在日本餐桌上装饰青蛙，也许会有人稍稍反感，但在欧美，绘有青蛙图案的餐桌布以及器皿却是被频繁使用的。玻璃盘上摆放着的是"紫阳花饼"。

盘子下面，配着刚从庭院摘来的紫阳花叶。一人用的餐桌摆饰，为了突出雅致的主题，重叠垫铺上了一张淡紫色的茶垫。

茶

应季之茶、新茶
品尝青绿新嫩的鲜味

南北细长的日本列岛，采茶是从气候温暖的地区开始进行的。当年最初采到的茶叫做头茶，也称为新茶。茶树的新芽，是从上年秋季开始，越过整整一个冬天，又沐浴了新春的阳光，积蓄了充足的养分。品尝比较各个产地的新茶，也是这个时节特有的一种享用茗茶的方式。

新茶/一保堂茶铺

和果子·器皿

餐桌上好似紫阳花开

在四方形的小小玻璃器皿下，垫铺着一片紫阳花叶。以素雅的淡紫色牛皮糖包着豆馅，再配以羊羹制成的小花，组成了"紫阳花饼"。如此搭配组合，完美地展现出梅雨季节的风情。

紫阳花饼/鹤屋吉信

茶器

装饰着青蛙的茶壶
与配套的茶碗

质朴且手感好的煎茶碗。

与装饰着青蛙的茶壶成套出售的茶碗。尺寸稍小，很适合品味甘甜芳香的清茶。根据观赏的角度不同，茶碗的颜色也会随之稍有变化，十分美丽。

在农历六月越夏的祛邪日里，品尝"水无月"和果子，可祈福消灾、驱除半年的灾厄

"越夏祭祀"，正好处于一年的年中时节六月三十日，是为了消除上半年来的错误与罪业，祈望余下的半年里能够无病消灾的一种祭神仪式。在这一天里享用的和果子叫做"水无月"。是在被称为"外郎"的白色米粉糕上涂抹上小豆，切成三角形的和果子。据说，上面一层的小豆，有驱邪除魔之意，而三角的形状，是为了形象地表现降温除暑的冰块。以清凉感十足的餐桌设计来度过越夏之日。

看上去清凉感十足的凉茶。

在桌旗交叉的位置上摆放玻璃水盘作为花器。

以藏青色的桌旗为亮点
使用季节花卉来演绎出清爽的凉感

白色的餐桌布上,以藏青色桌旗为视觉重点的两人用餐桌设计。在玻璃水盘中盛好水,装饰上婀娜娇柔的铁线莲。"水无月"和果子是仿照冰块的样式,又蕴含着驱邪祈愿之意的小点心。因此,将"冰"和"水"作为整体餐桌设计中的主题。

茶

将滚烫的焙茶一下子倒入
放有冰块的玻璃杯中

玻璃杯中放入冰块,再用茶壶将滚烫的焙茶一气倒入其中。这样,芳香的冰焙茶就制成了。焙茶,是将煎茶刚长大的叶子和茎以高温焙制而成的。其特点是所含咖啡因较少,并且有着独特的芳香味道。因此,即便是小朋友也能够安心饮用,尤其适合睡前和饭后饮用。

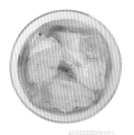

极品焙茶/一保堂茶铺

茶器

实用而形态质朴简洁的玻璃杯
适用于各种场景

这是我已经用了近二十年的玻璃杯。因无高脚腰身,稳定性很好,不易破裂,不仅可用于凉茶杯,也可用于酒杯、一口干啤酒杯、甜点杯以及素面的汤汁杯等,使用的范围极广。想要尽情饮用凉茶时,大小十分合适。

很质朴的玻璃杯,称手好用。

和果子·器皿

在越夏祭祀之日品尝
人们熟知的"水无月"和果子

很久以前,夏季吃不到真正冰块的老百姓们发明了这种模拟冰块的糕点"水无月"。当然,它也具有驱邪除恶的含义。使用的器皿为清凉感十足的玻璃盘,四角向上自然地翻翘,给餐桌整体增添了节奏感。

水无月/仙太郎

小饰物的用法

冰桶置于餐桌中央
愈加突显其存在感

因是夏日里的餐桌摆饰,所以整体以白色,以及清爽明快的感觉来进行设计。而制作冰焙茶的冰块,作为整体的点睛之笔,要置放于餐桌中央以提升其存在感。

在此使用了白瓷茶壶。

◤ 紫阳花和果子 ◢

柔美色调的紫阳花让人好似忘却了梅雨的阴郁。
即使制成和果子,其色调依然无比迷人。

紫阳花

将清亮的紫色松散状糕馅错综交缠,
表现出紫阳花的形态。/盐濑总本家

紫阳花

花瓣聚集在一起,呈球状的紫阳花。花色一般为淡紫色或蓝色,因其蕴含着"蓝色聚集之花"的含义,因而也有人认为"紫阳花"这一名字是由"集真蓝(日语发音与紫阳花相近)"演变而来的。虎屋的紫阳花,制成了金团果子。将白紫两色的松散糕馅,制成花的样式,再撒上透明感十足的琥珀糖,表现凝聚在花瓣上闪闪发光的小水滴。/虎屋

湿粉制长条状和果子 紫阳花

将糕馅儿制成松散状,中间夹上小豆羊羹,蒸制而成的半生果子。完美展现了花色渐变的美丽。/虎屋

夏之华

犹如初夏雨后的紫阳花,一闪一闪,分外亮丽。/银座 立田野

紫阳花饼

用道明寺糕粉裹上绵滑的细豆沙馅,制成紫阳花状,再用羊羹添上叶片。/果匠 清闲院

华花(紫阳花)

仿照紫阳花样式制成的鲜琥珀糖和干琥珀糖的什锦套装,内含青梅酒。/龟屋良长

紫阳花夹心糖

表面略硬,入口生脆爽口,里面还有寒天果冻夹心。/仙太郎

紫阳花金团

紫阳花因色彩多变被称为"七变化",这款和果子表现了紫阳花微妙的色彩渐变。/老松

茶室的陈设布置

所谓茶道，也可以说是"款待"与"布置"的美学。在注重季节感的同时，东道主（主办者）还要以茗茶和点心招待客人。因此，与本书中介绍的在自己家中举办茶会的思考方式是基本相同的。如果这样考虑，是否觉得茶道其实也并非难事。茶室中的品茶会，因脱离了日常的繁琐事务，可以让人重新振作起精神。在此，特别邀请了茶道裏千家准教授小泽宗真先生，进行茶室的布置。

1. 桌面和底板同为圆形，两根细柱的小架子支持"圆小桌"的上层，摆放着枣形茶叶罐（茶器）。

2. 竹笼花器营造出清凉感。

3. 在品尝浓抹茶之前，被端上的生果子（主果子）。用筷子夹到自己面前备好的怀纸上享用。

4. 主果子之后，开始品尝浓抹茶。在一个茶碗之中，按照来客人数点茶，然后由主客开始，按顺序传递下去饮用。

5. 没有使用陶轮转盘，而是使用手工捏制成形的乐烧茶碗。使用黑色釉药的黑釉乐烧茶碗，一年之中各个季节都可以使用。

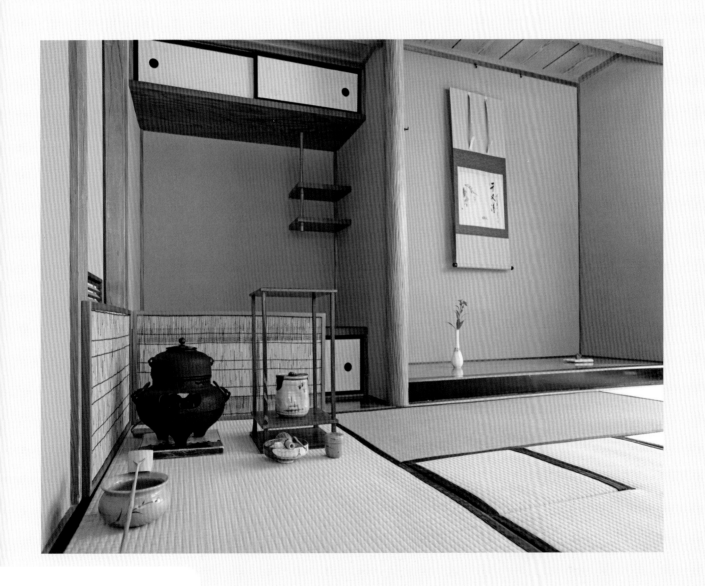

1. 作为茶炉前的屏风设立的苇帘，是有着浓郁夏季风格的摆设。

2. 鹤首形的花器中，装饰着姿态凛然的花卉。

3. 品味淡抹茶的时候，会端上落雁、有平糖以及脆煎饼等干果子。

4. 淡抹茶与浓抹茶品法不同，是一个人一个人来冲点的。

5. 夏天用的平茶碗杯浅口宽。因为上面绘着京都·祇园祭的长刀鉾（花车），所以是适用于7月的器皿。

七月／七夕祈愿

农历 ❖ 文月

盛夏，将思念和祈愿寄托于爱逢月……为自己留出一点清凉解暑、惬意至极的品茶时光

说起七月的活动，那一定是七夕节了。

文月、七夕月、七月夜以及爱逢月等，

都是与七夕节息息相关的七月的别称。

七月，全国各地都会举办七夕夏祭。

据说，奈良时代传入日本的古代中国牛郎织女的七夕传说

与日本的"棚机津女（织女星）"传说相融合，才有了七夕节。

而普通老百姓庆祝七夕节，

还是从制定了五大传统节日的江户时代开始的。

将思念和祈望寄托于星星，装饰好七夕竹子……

从准备阶段开始就使人感到了浪漫色彩。

此时，告别梅雨季，正式进入了夏季。

酸浆果和牵牛花是夏日里的风物诗。

此时，也能看到卖风铃的货摊了。

在高温多湿的日本，自古以来就有以风和水来唤起凉意的智慧。

风铃那摇摆的风情与清脆的声音，以及洒水、窗边的帘子……

仅仅是这样一幅景致，却能够清凉解暑，

使人立刻感到神清气爽，还真是不可思议。

在餐桌设计上，使用了玻璃材质的器皿，

以及能够使人联想到水及河流的和果子及各种摆件等，

期望能营造出凉爽的风情。

尽情享受日本的夏日吧。

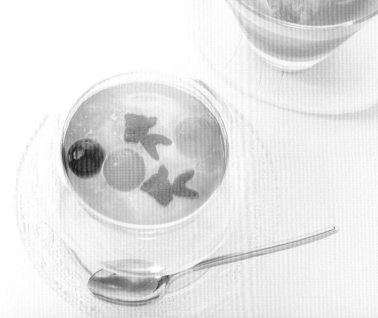

在五色的诗笺上
书写下愿望

在七夕会开始前的傍晚，以冰制凉茶招待相约而来的客人。七夕会的标准着装为夏日浴衣。一年一度的相会，虽然凄婉却又浪漫，效仿着七夕传说，遵循岁时记来一起体味这夏日的风雅韵事。为了配合七夕会，而用到了东京十分罕见的楮木叶。

可以请客人们也书写下各自的不同愿望。

茶席设计的要点

与乞巧节相关的摆件也装饰于餐桌之上

七夕起源于中国古代的祭典仪式，祈望女红愈加出色的"乞巧节"。希望能够与织女星一样，成为织机和缝纫上的能手这一风俗习惯，渐渐演变为对于琴棋书画等技艺的祈愿。因此，在餐桌上也配备了毛笔及诗笺，更加带动了七夕的气氛。

餐桌上点缀着诗笺的鼻祖——楮木叶。

茶

稍花费些时间精心冲泡出甘甜怡人的冰制凉茶

制作凉茶，一般有冷水泡制和冰制两种方法。用冰块泡制时，虽然需要花些时间慢慢等待，但茶叶中的甘甜被完美的提炼出来，就制成了上等的芳香凉茶。的确可以称得上是名副其实用时间泡制出的茗茶。

朝露深蒸茶/茶都（丸山园）

茶器

在此，使用了通用度极高的简洁质朴的波西米亚玻璃杯

未经任何切割雕花装饰的简洁风波西米亚玻璃杯，在和风餐桌设计上，被广泛使用。它既可作为凉茶用玻璃杯，也可以用作酒杯⋯⋯

60毫升左右的小型玻璃杯。

和果子·器皿

将带有凉爽感的夏日和果子"麸馒头（麦糠包）"盛放在玻璃器皿上

在生麸（面筋）里裹着夹心的麸馒头，盛放在好似竹叶小舟般的玻璃器皿上。

麸馒头/深川伊势屋

小饰物的用法

极具美感的冰制凉茶器

将自己喜欢的茶叶放入凉茶器，再添上满满的冰块，然后放入冰箱。整个过程，需要花费一些时间。待冰块慢慢融化，凉茶也就制成了。

造型美观大方的凉茶器。

开心愉快的夏日青春少女会，
轻松时尚又可爱！

今天的客人，都是正值花样年华的豆蔻少女。因此，特意挑选了充满趣味的可爱和果子。麦茶的茶杯，也特地选用了大人的成熟风格，也许可以听到"这是酒吗？"的兴奋问句呢。对于正处于对成人世界充满了憧憬的女孩们来说，这样的茶席摆设真是再好不过了！这是一个满怀好奇的青春期少女们嬉笑热闹的准和风女子会。

**多色配色，以亮丽色彩
演绎出欢乐的氛围**

在高彩度蓝色托盘上，摆饰着玻璃器皿。餐巾选择了亮丽色调的粉红色，并折成立体的扇形，置于托盘的旁边。托盘中还放入了2~3个玻璃弹珠，以此来增添凉意和趣味性。餐桌的中央摆放着几个迷你花瓶，特意装饰着飞燕草、千日红以及鸡冠花等毫无炫耀之意的、格外惹人怜爱的小花。在餐桌上摆放的玻璃容器中，备好足够分量的麦茶，可随意添加。

茶

**夏日里可多制作一些
冷水冲泡的麦茶
以备不时之需**

夏日里可多制作一些麦茶，以便随时补充水分。在此，选用了市售的麦茶茶包。可根据自己的喜好，调节茶的浓度。冷水泡茶，最重要的是水。建议使用矿泉水或用净水器过滤过的水冲泡。

麦茶

高彩度蓝色托盘与玻璃器皿，尽显清凉之感。

和果子·器皿

**看着就会喜不自禁的
绚丽多彩的和果子**

看似西点中的栗子蛋糕，实际上却是和风大福饼。在粉红色的托盘上，重叠摆放着玻璃器皿，并在托盘之间夹上南天竹叶。另外，在整齐排列着的三色葛粉糯米团的下面，铺饰着夏日的风物诗——葛叶。

（左）夏大福（草莓、紫芋、青梅）/彩果庵
（右）夏季三色葛粉糯米团/口福堂

茶器

**圆胖造型的、
讨喜可爱的玻璃杯**

在此，使用了菅原玻璃的圆形可爱的玻璃杯。可作为茶杯、鸡尾酒杯以及Finger Food（手拿食物）等开胃小菜的容器使用，适用场合广泛。

依据餐桌设计的需要，也可作为优雅风格的玻璃杯。

在门廊下，
安稳地享用一杯茶

现在，有门廊的家居住宅越来越少了。要是偶尔能够坐在廊下，一边眺望庭院景致一边悠然品茶，那该有多好。记得孩提时，常在廊子下和祖母一起吃西瓜，小嘴巴里塞着满满的各式点心……当时夏日的情景，好似又一幕幕地浮现在眼前。

清新的抹茶，色泽非常引人注目。

茶席设计的要点

木制方盘与玻璃托盘重叠摆置
立体感十足的夏日款待餐桌

因为带有茶道的意象，与平日常饮之茶相比，抹茶略有些正经严肃、郑重其事的意味。相对来说，女性中喜欢抹茶的人要更多一些。邀请那些同样喜欢抹茶的朋友，一起轻松愉快地品味抹茶的餐桌设计。此时，关掉空调，打开窗户，一边眺望外面的景色，一边舒畅地消遣时光，该是多么的惬意啊！

在面临庭院的位置，重叠摆放着黑色高缘木制方盘与大致同等尺寸的玻璃托盘。在玻璃托盘的下面，装饰着仿照绿枫和水纹样式的干和果子图案。给人一种好似悬浮在宇宙中一般的不可思议的立体感。

茶

冲泡时不要过于用力
点茶搅拌，才会形成
柔腻舒滑的泡沫淡抹茶

在此，选用与新年初次茶道会（参照第24页）所冲泡的淡抹茶完全相同的抹茶粉。只是转动圆筒竹刷时，不要过于用力，而是一气呵成完成搅拌，这样就能冲点出柔腻舒滑的淡抹茶来。

青山之白/一保堂茶铺

和果子·器皿

仿照水中优雅游动着的鲇鱼样式制成的
夏季限定和果子

在俳句中，鲇鱼为夏日的季节语。将打入鸡蛋的面粉烘烤制成的薄皮中夹入牛皮糖，烤制成鲇鱼和果子。头和尾绷得笔直向上翻翘着，活灵活现的鲇鱼姿态跃然而出，令人心情舒畅。将它直接置放于玻璃托盘之上。

跃水鲇鱼/玉井屋本铺

茶器

演绎出凉爽氛围的
浅底阔口平茶碗

在此展示的都是适用于酷暑时期七月和八月的平茶碗。因其碗浅口阔，茶易变凉，所以适用于夏季。

玻璃具有耐热性。从外观上能感受到凉爽之意。

果冻和果子

在此选用的和果子，都是以寒天、葛粉以及果冻等含水分且清莹剔透的原材料为主，能展现出凉爽水感的和果子。

水中牡丹

好似水中花一般的牡丹和果子。
/鹤屋吉信

若叶阴

金鱼是夏日的季节语。在漂浮于水面的绿叶之阴下畅游的金鱼，显得格外凉爽。/虎屋

葛樱

用葛粉包上滑腻的豆馅，再用盐制的樱叶卷起的鲜和果子。/叶匠寿庵

泽之绿

在晶莹剔透的锦玉羊羹中，显映出深邃的绿色，充满了凉意的和果子。/两口屋是清

凉爽晴风·金鱼

水果风味的果冻和果子。通红的金鱼，十分讨喜。/笹屋伊织

水畔

道明寺粉团上撒满了碎冰年糕，并烙下水纹烙印的生果子。表现出水边的寂静和凉爽。/虎屋

宝达葛季·清凉

和风果冻里，裹着杏仁葛粉小馒头的夏日凉果子。/森八

水乃果·夏之缘日

青柠口味的果冻中漂浮着寒天（琼脂），变成了夏日中金鱼戏水的果冻了。/ISSUI

水之彩

纯简地表现出流动之水的琼脂和果子。/老松

八月／纳凉

农历 ❖ 叶月

时值处暑，谨致问候
夏日赠礼，茶为首选

八月，农历为立秋，即已经进入了初秋时节。

但是，体感上仍旧还是盛夏。

户外湛蓝的天空中，积雨云滚滚翻腾……

汗流浃背地进入房间，

若是此时能有人端上一杯冰镇凉茶，整个身心都会平静下来。

这个时节，若是能喝到冷水泡制的煎茶或是提炼了茶叶本身甘味精华的冰制煎茶，

你会更清晰地意识到它与热茶有着全然不同的韵味。

当然，既有可以"咕嘟咕嘟"当水喝的凉茶，也有用于款待客人时的精致凉茶，

因此，要灵活而又适当地选择各种茶叶，并熟悉不同的冲泡方法。

比如冰制煎茶，需要花费一些时间，慢慢等待的过程也是一种享受。

但当有客人突然来访时，也可使用快速凉茶冲泡法（参照第9页）。

在关东地区，也有地方从七月就开始迎接盂兰盆节，

但全国一般来说基本要到八月。

迎接祖先之灵的"盂兰盆会"，也是整个家族时隔许久才相聚一堂的特别日子。

重回故里时，选择什么样的伴手礼好呢？

一边回想着欲赠之人的面貌，一边斟酌考虑，其实也不失为一种乐趣。

若是我，一定会考虑与茶配套的礼品。

"涩味独特的北种茶与这种甘甜的和果子是不是相配呢？"

"这种口味清淡的果冻，与留有少许甘味的茶叶相配如何呢？"

给人以冰爽享受的凉茶

夏日里的品茶时光,希望从外观就能够感受到一种凉意和清爽。就凉茶而言,若是使用深蒸煎茶茶叶,就可以冲泡出色泽亮丽的绿色,因此特别推荐使用此茶。在冰箱中,慢慢冲泡制作出的冰制凉茶和冷水凉茶,因能充分提炼出茶叶中的甘味精华,所以特别适合招待宴席使用。

葛粉凉皮的器皿中，因漂浮着冰块而呈现出凉意。

异国风情的安祖花在此并没有选择红色，而是选用了自然的暗色调

在水波纹样的条纹餐桌布上，摆放着黑色木制方盘。夏季使用黑色，很多人会觉得有种沉重的感觉。然而，只要在其上再装饰一些玻璃器皿，就可以改变这种印象。因为，玻璃器皿的透明性更加引人注目，并会营造出凉爽的印象。

餐桌中央，摆饰着暗色调的安祖花。需要注意的是，在此不可选择大红等鲜亮的高彩度色系。这是因为，要使西洋花卉能够适合日式的空间装饰，色彩的选择是十分重要的。葛粉凉皮，还是用筷子食用比较方便一些，不要忘记摆放筷架。

茶

尽情品味凉茶的醇香
欣赏那充满绿意的色彩

这里再次选用了五月端午节餐桌设计中（56页）登场的簸北煎茶品种中的"利休茶"。但是凉茶与热茶相比，却又有着完全不同的韵味。不妨试品比较一下。而且，还能欣赏到深蒸煎茶那种特有的亮丽绿色。

利休茶/土桥园

和果子·器皿

将葛粉凉皮置于玻璃器皿中，黑糖蜜汁盛入小酒杯中，由此来演绎凉爽的氛围

选用森八金泽总店的"宝达葛葛粉凉皮"。作为加贺藩主御用葛粉的"宝达葛"，历史悠久，享有盛名。而黑糖蜜汁，据说是由冲绳产黑糖与和三盆上等白砂糖合制而成的。葛粉凉皮置于双重构造的小小玻璃器皿上，更添凉意。

宝达葛葛粉凉皮/森八

茶器

可清晰观赏到茶色的
波西米亚玻璃杯

在此选用的是七月七夕餐桌设计中登场的波西米亚玻璃杯中的大号作为茶杯。尽情饮用凉茶时可以选用此杯。因其造型简洁，而使茶的颜色格外清晰夺目。

150毫升的波西米亚玻璃杯。

81

尽情享用
刨冰的品茶会

刨冰给人的印象是夏祭日或儿童集会上食用的一种十分休闲的食品。即便是大人，在盛夏之日，也会品尝美味凉爽的刨冰。将热焙茶与刨冰和特制抹茶蜜汁搭配在一起，雅致地摆饰上餐桌。

轻轻浇上浓厚的抹茶口味蜜汁。

茶席设计的要点

感觉刨冰也是一道美味佳肴的餐桌设计

为了营造出清凉的感觉，并未铺饰任何餐桌布，而是直接在玻璃台面的餐桌上摆放象牙白的木制方盘，并在其中央摆上盛满刨冰的甜品杯。木质方盘后面是摆放着三种口味刨冰用蜜汁的细长型托盘以及茶杯。这三种摆件，呈倒三角形摆饰。个人空间部分被装饰得整齐有序，使人不由地产生一种被款待的感觉。餐桌中心的装饰花是向日葵。

花器的黑色与向日葵的黄色搭配，十分引人瞩目。餐桌还充分展示了冰凉刨冰与滚烫热茶的完美结合。

茶

茶的醇香与独特的味道在口中渐渐散开，余韵悠长

在此选用的茶叶与六月越夏之日（参照第64页）所使用的茶叶相同。只是当时制成了凉茶，而这次是以滚烫的热水来冲泡。吃完刨冰之后，给凉下来的身体来一杯暖暖的热焙茶，此时真是名副其实的极品好茶。

极品焙茶／一保堂茶铺

和果子·器皿

制作时尚刨冰的要点为自制蜜汁以及四方形器皿

在此，为刨冰准备了抹茶蜜汁、小豆（红小豆）以及焙茶蜜汁三种不同口味。即一杯刨冰，可以同时品尝到三种口味的创意方法。蜜汁分别放入了几个小四方形的玻璃器皿之中。并将它们整齐摆放在成套的木制托盘上，还配上了精巧可爱的小木勺。

左起依次为抹茶蜜汁、小豆、焙茶蜜汁。

茶器

陶器的筒型茶杯也选择了黑色，显得简洁雅致

需用稍烫开水冲泡的芳香焙茶，要选择质地稍厚的茶杯，不易烫手、拿取方便。陶器的筒型茶杯其实是日常使用的，因其颜色为黑色而给人一种洒脱的印象。

显得凛然洒脱的黑色茶杯。

盂兰盆节探亲访友时，
美观大方的伴手礼

以客人带来的礼品装饰餐桌。因为，他们都是客人们精心挑选的物品，希望每一件都能够物得其所。因此，我将它拿出摆上餐桌之时，都会附加一句"不好意思，久等了"。也希望自己努力成为转瞬之间就能装饰布置妥当的待客达人。

茶碗与点心盘均为三岛烧器皿。

茶席设计的要点

如果是以礼品装饰可以尽量简洁洗练

为了不让客人久等,简洁的摆饰最为适宜。在客厅的低矮型厚板桌上,摆上刚刚收到的点心,并按人数铺垫上茶垫或是茶用托盘就可以了。仅仅是使用了铺垫之物,就会立刻产生出一种与平时餐桌略有不同的特别仪式感来。

茶,可选择平时饮用的煎茶或者焙茶。如果有抹茶粉,也可以冲点一碗。若是能够按照人数分量,快速地在单嘴儿茶器中冲点出一碗淡抹茶,能立刻给人留下洒脱的茶艺达人印象。花儿亦是如此,也可随意地装饰上一朵点缀于侧。总之,做任何事情,都不需要过于夸张。"自然随意"这一点,十分重要。

茶

先冲点好稍浓抹茶再放入冰块浮在上面制成冰镇抹茶

抹茶,总使人感觉门槛很高。其实,也可以搭配着和果子,以自然的感觉来品味抹茶。酷暑之日,可制成冰镇抹茶。即先用开水冲点出稍浓一些的抹茶,再放入冰块轻微搅拌即可。先在三岛烧的单嘴茶器中,冲点出两三人份的抹茶,然后再一一倒入各个茶碗之中。

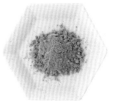

古都之叶/鱼市茗茶

和果子·器皿

小铜锣烧和薄皮豆馅饼的套装包装盒也十分讲究有品位

盒子里混装着一口大小软糯黏甜的铜锣烧和直径约3.5厘米的小巧可爱的铃型迷你薄皮豆馅饼。装在竹编的笼盒中,作为伴手礼真是最适合不过了。收到礼品的一方,品尝完点心,还可以考虑将竹笼作为他用,这也是一种别样的乐趣。

(缘)竹篮/铃悬

茶器

先用单嘴茶器冲点抹茶,然后再分别倒入各个茶碗中

在此,使用了淡灰色有着细密花纹的京都三岛烧单嘴茶器和茶碗。因茶碗略小,需要先在单嘴茶器中冲点好抹茶,然后再分别倒入各个茶碗之中。

单嘴茶器也是三岛烧。

水羊羹

水羊羹有着清凉滑顺的口感，最适合炎炎酷暑中作为配茶的甜点。据说为了更清凉爽口，比普通的羊羹所含水分要略多一些。

水羊羹

小豆风味十足、清凉甘甜的水羊羹。具有水润滑顺的特点。/叶匠寿庵

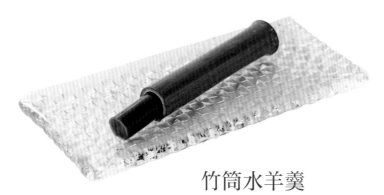

竹筒水羊羹

以传统技法将制作好的水羊羹，流灌入在京都采伐的清新绿竹里。/七条甘春堂

特制水羊羹

以去皮小豆为原料，用传统技法制作的、口感滑腻、深受人们喜爱的凉果子。/铃悬

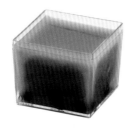

小箱水羊羹·抹茶

装入四方形塑料小盒的抹茶口味水羊羹。/KOGANEAN

水羊羹·白木纹

木纹羊羹，是越中富山地区的代表性小点心。这种水羊羹，以年轮纹样的漂亮木纹为特征。/铃木亭

水羊羹

小豆馅制成的水羊羹，水润清爽，并仿制成竹子的样式。/花园万头

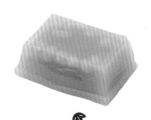

白羊羹

是使用了非常罕见的白小豆制作而成的水羊羹。/丰岛屋

绢滤水羊羹·皆之川·浓抹茶

入口即化，润腻滑嫩。使用了宇治抹茶的新茶。/小仓山庄

水羊羹·小豆

其特点是水润醇厚，熬炼到位。能细细品尝小豆的风味。/虎屋

一位访客时的款待茶席

汇集了本书中所介绍的"一人份"的餐桌设计。
除了待客茶席之外，自己一个人品茶时也可参考。

1月/ 以大福茶心情愉悦地迎接元旦（参照第22页）

2月/ 邪气到外面，福气进门来，立春前日（节分）的时尚品茗会（参照第30页）

3月/ 欣赏小人偶的女子茶派对（参照第40页）

5月/ 感受着初夏熏风，清新泠然的端午佳节（参照第56页）

6月/ 池塘水面泛起阵阵涟漪，在滴答滴答的细雨之中静静享受雨声（参照第62页）

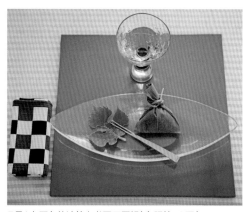

7月/ 在五色的诗笺上书写下愿望（参照第72页）

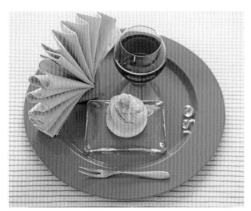

7月/ 开心愉快的夏日青春少女会，轻松时尚又可爱！（参照第74页）

7月/ 在门廊下，安稳地享用一杯茶（参照第76页），

8月/ 尽情享用刨冰的品茶会（参照第82页）

9月/ 飘溢菊香的重阳佳节，饱含着愉悦祝贺的心情（参照第92页）

9月/ 供奉着赏月团子，迎接圆月的月夜品茶会（参照第94页）

10月/ 漫长的秋夜，以味道醇厚的茗茶和新酒，度过惬意舒心的美好时光（参照第100页）

10月/ 成年人万圣节狂欢夜的时尚茶派对(参照第102页)

11月/ 欣赏红叶,享受秋日的温暖(参照第106页)

11月/ 以心爱的秋季器皿,演绎和风茶派对(参照第108页)

12月/ 满怀感激之情,送给师长亲友们的岁末礼(参照第114页)

12月/ 以热茶和甜点,悠闲度过冬至日的美好时光(参照第116页)

12月/ 以和果子和日本茶庆祝华丽而盛大的圣诞节(参照第118页)

90

九月

农历 ❖ 长月

望月

当空气清澄，天上的月亮展现出最美丽优雅的姿态之时，一边静听着虫鸣，一边品茶欣赏着秋天的风情

旧历是按照月亮的圆缺盈亏制作出的历法。

因此，月亮之神也被称为历法之神。

空气清澄，能够观赏到最美月亮的时节，

无论过去还是现在，都是阴历八月十五到九月十三的月夜，

即阳历九月中旬至十月中旬。

古时，娱乐活动十分稀少，除了春季的赏花之外，

秋季的赏月或许就是当时最大的乐趣了。

从翘首盼望等待的中秋十五月夜，

引申出十四夜的"待宵（等待良宵的来临）"。

若是十五夜当天天晴，愿望就能够得以实现，引申出了"望月"之说。

而翌日的月亮缓缓而升，引申出犹如踌躇犹豫之意的"十六夜"之说。

在此之上，从十七夜站立着等待之意，引申出"立待月"之称。

再有，将月亮迟迟升起的十八夜称为"居待月"。

以及从十九夜的躺卧着等待月亮，引申出"寝待月"等，

创生出许多与月亮相关的美丽辞藻。

传说月亮上住着兔子，

所以配合着赏月时节，很多小巧可爱的玉兔样式点心也被大量制作出售。

布置好秋季七草之一的芒草，还有赏月团子、玉兔以及季节茗果等，

以赏月为目的的观月之宴，风雅自得。

九月，像重阳佳节以及秋彼岸等传统仪式活动等，接踵而至。

一边静静地听着虫儿的鸣叫声，一边细细品味着喜爱之茶，

尽情享受漫长的秋夜，尽显风雅悠然。

飘溢菊香的重阳佳节，
饱含着愉悦祝贺的心情

九月九日的重阳，为五大传统节日之一。根据中国的阴阳五行思想，奇数为阳，将阳数极值九的重叠，称为"重阳"，是非常可喜可贺的日子。重阳佳节之时，人们在赏菊的同时，祈愿福寿安康，并以菊花酒干杯，品尝菊花制成的各式祭神料理。之后，搭配餐后甜点，使用相同的茶叶，却以三种不同的冲泡方法来品茶，以增添兴致。

在台座上装饰着阿娜塔西亚公主菊。

乒乓菊上覆着一层薄薄的棉花,展现"被棉"风格。

茶席设计的要点

餐桌上装饰着各式各样的菊花

重阳节也被称为菊花节,因此餐桌中央的装饰花选用了二种颜色不同的阿娜塔西亚公主菊,并将其设计成圆形样式。装饰在它两旁的是乒乓菊,在其上覆盖着一层薄薄的棉花,展现"被棉"风格。这种以棉覆菊之说,相传是由平安时代的宫中女子们,在阴历八月初八的夜晚,将棉花覆盖于菊花之上,汲取菊花上的夜露和菊香,第二天早晨,再以此棉擦脸,以求长寿这一传说演化而来。在此使用了漆器台座,增加花的高度,从而形成立体构造。

茶

一种茶叶,三种品法

选用了极品茎叶茶。它是由新茶中挑选出的最好茎节制作而成的。不含一丝涩味,甘甜可口。以同一种茶叶,制作成用滚烫开水冲泡出的热茶、以冷水泡制出的凉茶,以及将此茶叶炒熟之后再冲泡出的焙茶等三种形式,一一品尝,细细比较其茶味的微妙不同。

幸福的茶棒头/茶茶间

茶器

为了品茶而特意准备三个小型茶杯

这是一款薄壁瓷器,口感极佳的茶碗。因其质地轻薄,所以十分适合较低温度冲泡制成的玉露及上等的煎茶。

形状不同,但容量几乎相同的几种茶杯。

和果子·器皿

选择了适合于菊花节的各式菊花样式和果子

在此选用的和果子也都是与菊花息息相关的,如"优胜草"就是菊花的别名。

(左)着棉(覆盖在菊花上的棉花),(右)优胜草(菊花的古名)
/七条甘春堂

小饰物的用法

用焙烙砂壶炒制茶叶 茶香瞬时弥漫于整个房间

自己制作焙茶时,若是有焙煎茶叶用的茶器"焙烙砂壶",就方便多了。在此使用的是常滑烧茶器。将炒好的茶叶,置放于餐桌之上,让客人们尽情享受茶叶的芳香。刚刚炒好的焙茶的味道,也会使人惊叹不已。在三种器皿之下,铺垫着越前漆器的茶托,瞬时提升了品位。

(上)常滑烧焙烙砂壶茶器。
(下)茶杯置放于越前漆器的茶托之上。

供奉着赏月团子，
迎接圆月的月夜品茶会

为了迎接月神，特意将餐桌摆设在窗边，敬献上赏月团子。
并将神明降临时依附的芒草高高地装饰起来，
静候八月十五中秋之夜的圆月。
餐桌上准备了许多玉兔造型和果子以及月饼等点心，
至此整个月光之宴就准备完毕了。

演绎出月亮和玉兔的自助点心餐会形式

宛如悬挂在夜空中的明月一般，在黑色的餐桌布上，摆饰着金色的圆形木制托盘。其上，摆放着月牙形的陶器盘子以及玉兔样式的糕饼以及羊羹，以此装饰十五中秋之夜的餐桌。策划成从精心摆放好的各式赏月点心中，随意挑选自己喜爱的食用的自助餐会形式。可以各自拿着托盘进行挑选，然后在另外备好的餐桌席上享用。即使带着孩子们一起参加，也能够尽情享用的餐桌设计。在大号的茶壶中，准备着充足的茶水。当然茶水也是自助式的，可尽情享用。

茶

因为想要尽情享用
故而准备了醇香的锅炒茶

因为是自助式餐会，希望客人们可以尽情享用，故而准备了口感上佳的锅炒茶。因为它是用锅将生茶叶精心炒制而成的，故又称为"锅香"，有着独特的醇香味道。茶的产地是九州地区，而锅炒茶叶是在熊本县上益城郡生产的。

锅炒茶(神前)/茶之叶

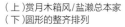

茶壶、点心盘以及茶杯是成套的，都是统一样式的大理石花纹器皿。

和果子·器皿

餐桌各处聚集着
圆滚滚的玉兔造型点心

想要收集和赏月相关的点心，自然而然就变成了圆形果子大集合。而圆球形的乒乓菊，也像和果子那样整齐排列，格外地讨喜。

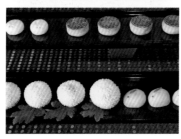

（上）赏月木箱风/盐濑总本家
（下）圆形的整齐排列

茶器

也可用作点心盘的茶托和
成套的杯子都是在巴厘岛购买的

月牙形的茶托和成套的杯子都是在巴厘岛的旅行途中购买的。茶托较大略有空余之处，上面还能摆放一些点心果子等，非常实用，是我的珍藏。因其未上釉药，接近于素烧陶器，所以整体透着简约质朴的味道。

茶托也能当作小盘子使用。

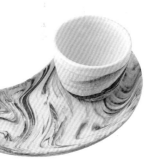

秋彼岸（秋分）时节，
与萩饼完美相配之茶

与春彼岸有所不同，被称为后之彼岸的秋分之日，要为先祖做法事，同时也是缅怀、追忆之日。以这一天为分水岭，夜晚的时间渐渐变长。扫墓之后，天黑之前，先享用一些美味的牡丹饼和清茶，稍作休息。

充分展现美丽木纹的套盒，与朴素的和果子十分相配。

茶席设计的要点

**因为是家人聚会
要营造出一种安心平静的氛围**

餐桌中央摆放的木制套盒里，混装着牡丹饼和芋头包。这是家人围坐在一起，品茶聊天、阖家团聚的温馨时刻。"今天喝的可是这种茶叶哦"，边说边将茶叶盛放在怀纸之上，立刻成为吸引力十足的聊天话题。在毫无装饰的普通餐桌上，装点着几枝田野中绽放的大波斯菊。那随风飘摇的波斯菊，仿佛在告诉我们残暑的完结。

展示用茶叶，也会成为一家人聊天的话题。

茶·茶具

与甜腻豆沙系和果子相配的煎茶

煎茶，其品种为"狭山香"。使人联想到清爽的新绿以及连绵蜿蜒的山峦的芳香和苦涩味，可尽情品味。茶杯，在此选用了我家日常使用的赤绘茶杯。

平时所使用的茶杯。

清爽/茶茶间

和果子·器皿

满满地添入甘薯而制成的淳朴感十足的"鬼馒头"

"鬼馒头"，是在小麦面粉和砂糖搅拌之后的生面中，再加入甘薯蒸制而成的，为东海地区的家常和果子。将其盛放在极有秋季特点的菊花形盘子上。

鬼馒头/口福堂

小饰物的用法

在稍小的木制托盘上摆饰一人份餐桌的设计

这种尺寸稍小的托盘，对于摆饰一人份的点心和茶水来说，十分简洁便利。若是能收藏几件这种托盘摆件，茶席餐桌设计的范围也会更加宽广。使用温润的木制托盘，还能演绎出一种使人安心放松、舒畅惬意的餐桌氛围。如果再添加上餐巾，就更加提升了款待之感。

简单而又毫无矫揉造作的餐桌摆饰。

玉兔和果子

赏月与玉兔，自古以来就存在着一种割舍不断的紧密联系。讨喜可爱的玉兔，似乎多被做成雪白的表皮上，饰着两只红眼睛和一双长耳朵的山薯蓣小馒头样式。

舟月夜

与金太郎糖一样，即使将羊羹切了又切，还是会显露出玉兔与明月。/宗家 源吉兆庵

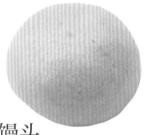

玉兔山药小馒头

据说，这种山药小馒头是镰仓·室町时代，从中国归国的僧侣带回的点心之一。山药馒头，是由上等米粉与砂糖搅拌而成的生面，再加入山药制成的表皮，裹上豆馅儿后制成的小馒头。盐濑总本店的"玉兔山药小馒头"，里面混装着玉兔与圆月样式的山药馒头。如果两种都想品尝，选这款就对了。/盐濑总本家

玉兔糯米包

嵌着红眼睛红耳朵的可爱玉兔样式糯米包，里面裹着红豆馅。/鹤屋吉信

兔包

可爱讨喜的玉兔小馒头。软糯的薄皮里面，满满地裹着滑腻的豆馅。/镰仓五郎本店

镰仓半月

稍微带着一丝甜意的上等煎饼里面，夹着一层松软的奶油。/镰仓五郎本店

观月玉兔

添加了黑豆蒸制而成的浮岛糕，重叠在入口即化的时雨糕之上。玉兔和圆月是羊羹制成的。/果匠 清闲院

五郎栗子铜锣烧

将一张烤制好的铜锣烧表皮折叠起来，里面夹入豆馅，是此店的传统果子作法。最后，在铜锣烧中央烙上玉兔烙印。/镰仓五郎本店

农历 ❖ 神无月

十月／果实之秋

收获之秋，尽情享受秋日里的长夜

进入秋季，就进入了美味的季节，

餐桌上总是摆满了产自不同地区的硕果美食。

除了柿子和秋栗等鲜果之外，

还有新米、根菜类鲜蔬等，真可谓是果实之秋。

此时，和果子也与丰收的主题相呼应，

秋栗、柿子以及南瓜等季节性的和果子，

开始装饰起店面，使人能够切身感受到果实之秋。

从简约淳朴型和果子到时尚风格的装饰型和果子，

各种类型，尽显其美。

这是一个可以随心所欲地挑选各式和果子的愉悦季节。

而且，此时也可以开始畅饮微温的暖茶了。

在这秋天的长夜里，点上蜡烛，一边品茶，

一边悠闲地度过只有在此时节才能享有的美好时光。

十月的餐桌设计，要布置成可同时品茶和饮酒的餐桌，

以及使用黑白色调装饰的万圣节茶派对。

无论哪种形式，都能够体现出自我个性的时尚娱乐氛围。

以个人喜好的口感，在适意的空间，尽情品茶，无比惬意。

漫长的秋夜，
以味道醇厚的
茗茶和新酒，
度过惬意舒心的
美好时光

在秋天的静谧长夜里，夫妇二人
促膝长谈。有时，也十分想拥有
这种品味着清茶和新酒静谧谈
心的温馨时光。此时，将灯光稍
稍调暗一些；背景音乐选取爵士
风格曲调。与此同时，悠闲地享
受这优质醇厚的静美时光。挑选
好适宜配酒的甜点之后，二人世
界即将开始。

细长形的烈酒杯营造时尚洒脱的印象。

三色重叠松软马卡龙/ Wa.Bi.Sa

有明/茶之叶

茶席设计的要点

将异质素材交叉结合，构成一种高品质的潮流混搭风格

餐桌布，选择了 George Jensen 雅致的花纹锦缎。因其占有极大的面积比例，所以左右着整个餐桌的风格，是极为重要的餐桌装饰品。在白色的木制方盘上，摆饰着不同材质的各式器皿。细长的烈酒杯，是用于品尝新酒的。一般来说，使用具有一定高度的器皿，会给人一种大都会的时尚印象。冰镇着日本酒的漆制酒器，使用漆制台座来略微提升高度。

茶壶，在此选用了色彩鲜艳的南部铁器，即便是在巴黎，也是颇具人气。在整体设计中，茶壶作为重点色形成点睛之笔，使餐桌时尚而又大气。

茶

介于煎茶和玉露茶之间，甘甜与芳香并存的冠茶

所谓冠茶，即新芽长出后，将茶树直接覆盖起来约一周左右，之后再将其新芽同煎茶一样加工制作。据说，覆盖起茶树，可以抑制其涩味，同时增加甘甜和芳香之味。在此选用的"有明"茶，是将叶肉较厚的茶叶长时间蒸制，剔除其苦涩，从而提炼出醇厚之味。

和果子·器皿

与美酒相配的日式和西式相结合的点心

盛放在有机玻璃盘上的，是将大纳言鹿的小豆、煮熟的甜豌豆以及板栗制成粒状豆馅儿，再配以奶油制成的三明治式松软夹心马卡龙。真可谓是日式与西式相结合的点心。

茶器

为了观赏茶色使用了简约质朴的白瓷茶杯

饮茶的同时，也想好好地品味一番茶色，因而选用了简约质朴的白瓷茶杯。

与南部铁器的茶托相搭配。

成年人万圣节狂欢夜的
时尚茶派对

万圣节在日本已经被大众接受, 但多是一些为
孩子们举办的活动, 各种装饰以及点心等, 也
是以高彩度的橙色和黑色等体现休闲时尚风格
的成分居多。在此提案一个适宜于成年人的万
圣节狂欢夜的茶席设计。

茶席设计的要点

**整体以黑白色调为主体
而将橙色作为重点色稍作强调**

在George Jensen花纹锦缎的黑色餐桌布上，摆放着白色长方形托盘，使黑白两色形成鲜明的对比。餐桌花在黑色花器中使用了扶郎花等休闲风格的花材，分组聚集进行造型装饰，因此即便是休闲风花材，也给人一种时尚现代的印象。

烛台，选用了设计感很强的交叉式托架，更添洒脱与时尚。一提起万圣节，自然而然地就会联想到橙色的大南瓜。然而，为了演绎出成熟的味道，特意选用了白色南瓜。使用重复排列的法则，展现出时尚现代感十足的餐桌设计。

茶

**采用自然耕作法的
粗煎茶苦味较少，
口感清爽**

选用了静冈县天龙川上流地区生产的、采用自然耕作法的粗煎茶。此茶味道清淡，有益于身体健康。因其苦味较少，口感清爽，常被作为餐中、餐后之茶饮用。

将不锈钢制的卡布奇诺咖啡勺作为点心叉使用。

粗煎茶/茶之叶

和果子·器皿

可爱讨喜的和果子整然地排列着，显得时尚大气

烙印着可爱笑脸的南瓜小馒头，如此整然地排列着，给人一种时尚洒脱的感觉。细长形并装点着巧克力、果仁等的干脆面包，放入细长酒杯之中，也同样整然地排列着。将相同的物件，数个排列放置在一起的技巧，遵循了重复排列的法则。

南瓜小馒头/甘乐、条形干脆面包/CAFE OHZAN

茶器

茶托也可当作托盘使用，有助于节省摆饰时间

这种托盘与杯子成一体型的器皿，从几年前开始就十分喜欢。与日式、西式风格都极为相配，而且既能用于热茶，也能用于凉茶。对于突然来访的客人，可以节省摆饰布置的时间，因此极为便利。

因茶托较大，还能作为盛放点心之用。

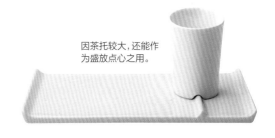

秋栗和果子

作为秋季的时鲜，栗子是不容错过的美味。秋栗金团、栗子羊羹、秋栗鹿仔饼……在日本，使用栗子制作而成的和果子，品种繁多。

秋栗鹿仔饼

在夹心馅儿的周围黏附着蜜饯小豆的"鹿仔饼"上添放上栗子。/银座 立田野

秋栗金团

在茶席上提起"金团"，一般是指在夹心馅儿的周围，黏附着松散状豆馅的和果子，但要说起"秋栗金团"，则多指茶巾绞制和果子。这种"秋栗金团"，粒大、甘甜、味道香。在此，使用了有着松软口感的，熊本县出产的球磨栗子。/叶匠寿庵

姬栗薄皮豆馅包

栗子形状的表皮里，包裹着红豆馅以及捣碎的栗子的小小豆馅包。/银座曙

溢栗

密实地塞满许多大颗栗子的蒸栗羊羹。羊羹的上部重叠着蒸糕。/铃悬

栗丸

刻着栗子烙印的馒头果子。里面包裹着豆沙馅儿和整颗的蜜饯秋栗。/鹤屋吉信

炒栗松露

所谓"松露"，就是指在揉捏成团的豆馅夹心上，涂抹上乳白糖衣，凝固之后而成的传统和果子。/龟屋友永

京·季历·琥珀栗

在煮化的寒天（琼脂）里加入砂糖，以熬干的琥珀糖制作的仿栗干果子。/鹤屋吉信

十一月 / 赏枫

农历 ❖ 霜月

如此美丽的锦绣季节令人充满眷恋，
尽情享用各种秋季的新茶·库藏出窖茶

"霜降月"，如名所示，即降霜之月。

此时，秋风瑟瑟，早晚气温急剧下降，已到了昼夜温差悬殊的时节。

赏枫季节，早一些的地区从十月前后就开始了，

高峰期则要等到十一月中下旬。

据说，夜晚气温骤降，但到了中午又回暖转热，

温差变化越大，枫叶的色彩就会愈加鲜艳亮丽。

在真正的冬季来临之前，似乎想要燃尽余热一般，

被渲染得红似火的枫叶，如同夕阳般的素洁与神圣，

能引起人们的共鸣，震撼心灵。

同时，也使人感受到季节的变迁，生出对世事无常的无奈。

到了十一月，就要开始做好过冬的准备了。

而且，秋季的新茶（库藏出窖茶）也开始在各个茶铺出现了。

将春季的新茶存放起来的库藏茗茶，茶叶经过充分发酵，

茶味变得更加醇厚芳香。

当走访茶铺时，可逐一试饮之后，再选择自己喜好之茶。

就在最近，我对茶又有了新的感悟。

"是以怎样的心情来冲泡此茶的呢？"。

心境不同，即便是用相同的茶叶，茶的味道也会不同。

就茶而言，只要能掌握住基本要领，任何人都能冲泡出芳香之茶。

然而，要想更进一步，冲泡出使人情不自禁展露笑容的一杯茶，

需要具备天时地利各个要素。

欣赏红叶，
享受秋日的温暖

大自然所赐之物，季节的锦绣之美，因其瞬息万变，而使人一时忘却了时间的流逝，在美景中忘我痴迷。此时，备好素朴的和果子，在品味"素"之美中度过这美好时光。

萩烧茶杯与蜜饯木梨的搭配，自然舒适。

以自然素材展现出
素朴之美与平和静好

今天的主题，是观赏庭院中的红叶。将矮桌摆置于窗边，仿若身临庭院一般。在自然之美面前，选用了自然所赐的素材，装饰出静美平和的餐桌。稀疏编制的竹笼作为花器，里面随意自然地装饰着龙胆、菊花以及木莓叶。木质的托盘上，摆放着萩烧茶杯，手感温和质朴。

餐桌设计所使用的色彩，包括点心在内，为黄色到茶色的单色调，以此酝酿出安稳平和的气氛。

茶

品尝茎茶特有的醇香以及
柔和的甘甜味道

茎茶，是由在加工过程中，被剔除的茎枝制作而成的。由玉露中挑选出来的茎茶，被称为"雁音"或者"白折"，是非常高级的茗茶。所含苦味及涩味较少，味道清淡是其主要特点。此茶的产地，是在福冈县八女之里地区。那里的土壤、气候等，都具备了生产出上等茶叶的种植条件。

茎茶

和果子·器皿

摆饰着数种历史久远的
素朴的和果子

白色唐津烧的器皿上，摆放着很久以前由京都传来的烤年糕。木盒里盛放着甘薯制成的江米条以及蜜饯木梨等，都是充分利用了素材的朴实无华而进行摆饰的和果子。

（上）京都烤年糕"安乐"/七条甘春堂
（下）素朴点心三种

茶器

在茶道上所使用的
窑户亦是十分有名的萩烧

在此，选用了胜景庵窑的萩烧，由兼田世系八代、兼田佳炎作制作的茶杯。常言道"一乐二萩三唐津"，萩烧作为陶制茶道器皿，深受人们喜爱。而且随着使用时间的增长，茶杯的色调也会渐渐发生变化，越来越有味道。

手感温和是萩烧茶杯的最大特点。

以心爱的秋季器皿，演绎和风茶派对

在此，使用欧式餐具，设计出和风待客的茶席，选用了一套秋季使用的，名为『秋天』系列的葡萄牙制餐具进行装饰。

『由餐桌展现出季节之美』，这是在进行餐桌设计时，最需要铭记于心的法则。

所用之茶，是秋季的以绿茶为基调的栗子香茶。栗子的甘甜芳香随处飘散，静静享受悠闲的秋日时光。

色彩的效果与简明易懂的主题
要明确规定主角和配角

要是想以秋季的红叶作为主题，就应将这一信息明确地融汇于餐桌设计之中，使人一目了然。而此茶席是以器皿作为主角。红叶绘饰于白瓷之上，点亮了整个餐桌。为了与器皿相呼应，白色的餐桌布上铺垫着红色桌旗，摆放着黑色木制方盘，在色彩上采用重复法则，是张力十足的设计。

餐桌中央，黑色长条"一"字形托盘上铺散着红叶，并且在其上摆饰着有着红叶图样的餐盘。先欣赏器皿之美，随后再摆饰上点心。整体设计营造出时尚而又雅致洒脱的印象。

茶

飘溢着甘甜芳香
的栗子香茶

在此，选用了以绿茶为基调的栗子香茶。栗子的甘甜与绿茶的醇和，演奏出令人无限怀恋的微甜和声。午后的品茶时光，栗子的芳香四处弥漫。

栗/Lupicia
※季节限定出售品，9月~次年2月左右有售。

餐桌中央的一字形托盘上装点着秋枫，餐盘呈重复排列式。

和果子·器皿

凝聚着秋季美味精华的羊羹与
多彩多味的什锦和果子

即便是不大喜欢豆馅儿夹心的人，也会对"柿羊羹"赞不绝口。另外，在点心盒里一起被端出的，还有小米花糖和烤制果子等丰富多彩的什锦和果子。

（右)富贵寄/银座菊廻舍
（左)柿羊羹/大角玉屋

茶器

绘着红叶图样的葡萄牙制杯子和托盘

这是一套由葡萄牙Spor公司出售的，名为"秋天"系列的器皿。原本是用作意大利特浓咖啡，但偶尔也可以作为绿茶茶杯来使用。若是每样器皿只能一器一用，那实在是有些可惜。对于每样器皿，我都希望能够一器多用，物超所值。

杯子的内壁描绘着红叶图样。

库藏出窑茶
和淡抹茶搭配享用

打扮得靓丽得体地出门吧。端出被称
作秋季新茶的库藏出窑茶和淡抹茶
来招待客人。这种一期一会，犹如暂
时脱离了日常琐碎生活的时尚风品
茶会，正好是紧张感与稳静祥和的完
美融合。

淡抹茶以冲点的顺序来依次进行品尝。

茶席设计的要点

**以凛然端庄而又蕴含深度的空间设计为目标
强调统一性与融合感的深色调搭配,
营造出稳重与雅致的氛围**

将矮桌装饰成餐桌使用,因此并非是正式的茶会。在那凛然的空气之中,秉承着"同时品味库藏出窑茶和淡抹茶两种风味"的设计主题来布置茶席。在此,以晚秋为设计背景,选用茶色的餐桌布。巧妙地运用每个茶碗与果子相互映衬的手法进行设计。

使用了深沉硬朗的重色调,自然而然地酝酿出沉稳厚重感。在彩瓷和艳丽的五彩碟子上,多种色调的生果子,在各自与众不同的同时,整体完美和谐地演奏出美妙的和声,完成整个茶会的序曲。

茶

**使新茶发酵成熟的
库藏出窑茶与苦中
略带微甜的淡抹茶**

库藏出窑茶,即将新茶低温储藏,使其发酵成熟,具有去除新茶涩味之后的圆润醇和之味。抹茶,与在一月新年首次品茶会上(参照第24页)所使用的抹茶相同。

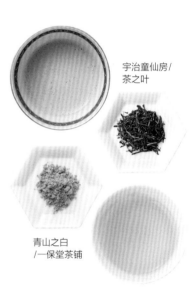

宇治童仙房/
茶之叶

青山之白
/一保堂茶铺

和果子·器皿

**生果子摆饰在色彩绚丽的九谷烧大盘
之上,干果子盛放于漆制点心盘之中**

生果子所盛之盘是以五彩艳丽为特征的九谷烧器皿。而各人使用的小碟,选用了织部烧市松碟。干果子,盛放于漆制鼓形点心盘之中,充分运用留白之地进行摆饰,雅致大方。

(右)京都四季/七条甘春堂
(左)秋之山路/七条甘春堂

茶器

**九谷烧的彩瓷煎茶茶碗
及与每位客人相配的
各式抹茶茶碗**

小巧的煎茶茶碗。

煎茶,使用了小巧可爱的九谷烧彩瓷煎茶茶碗。而抹茶茶碗,为客人们准备了风格各异的、与每位客人相配的茶碗。

红叶和果子

这个季节，群山景象每天都在发生变化。表现其由黄色渐变至红色的微妙色调变化，细腻而又美丽的红叶样式生果子。

枫叶

将枫叶制成好似婴儿的小手一般的形状，十分讨喜可人。/银座 立田野

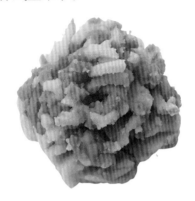

红叶金团

将豆馅夹心揉捏成团状，并在其周围黏上红黄两种靓丽色彩的松散状豆馅，以此表现红叶意象。/鹤屋八幡

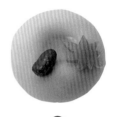

散红叶

以白豆沙馅表现随风飘散的红叶。/森八

小春日和

在平静温暖的日子里，看到一片孤零零的红叶，格外惹人怜爱。/梅园

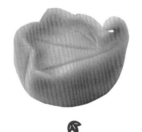

高尾

形象地表现东京高尾山的红叶。/老松

红叶

用逐渐变红的靓丽色调的叶片包裹豆馅夹心。/新杵

落叶便笺

用白梨馅制成的落叶，包裹着微甜的细豆沙馅。/笹屋伊织

远山红叶

用三种色彩来表现远处群山的美丽景象。/虎屋

红叶

表现了一种由黄色向红色渐变的微妙色调。/梅园

十二月

农历 ❖ 师走

冬至时节的祈望

对于即将圆满结束的这一年，心中充满了感恩之情。以冬至为界，日照时间又逐渐变长，新的一年就要开始。

"师走"，指临近年关，连平时很悠闲的师僧都会变得繁忙。

然而，这或许仅仅只是江户时代的说法而已。

因为，据说从万叶时代起，十二月就已经被称为"师走"了，

它表示工作、年度以及四季时节，即将圆满结束之意。

同时十二月也是迎接新年正月的年神而进行年终大清扫的月份。

也是对平日关照过自己的人，表达谢意而赠送岁末礼的日子。

此月中，还有冬至、圣诞节等许多节日。

这些节日的意义基本都是对即将圆满结束的这一年表示感谢，

为新的一年的开始做好准备。

回顾这一年里所发生的种种，

那些可遇不可求的美丽缘分以及形形色色的相遇，其实都是注定的吧。

至此，才能够真正感受到这一年即将圆满结束，

而茶席餐桌设计也终于翻到了最后的篇章。

通过这一年里大大小小的活动仪式，

介绍了日本茶与和果子各种组合搭配的茶席设计，

是否有一些与大家心灵相通的、圆满的东西在里面呢？

那些四季应时的日本特有的美丽和果子，以及各具特色的日本茶……

那些走过的独自一人悠闲品茶的时光，阖家团圆的时光，

和朋友们欢乐度过的时光，以及怀着敬畏与茶相对的时光，

这一切的一切都是值得深藏的宝贵记忆。

满怀感激之情，
送给师长亲友们的岁末礼

满怀着「今年承蒙关照，深表感谢。新的一年里，还请继续多多关照」的心情。赠送岁末礼，据说原本起源于出嫁的姑娘以及分了家的人，就送给娘家以及本家用于正月的供品。而如今，若是关系亲密，带上在旅途中寻得的美味土特产或是自己特意订购的点心，一起悠闲地品上一壶茶吧。

冬日里的暖阳也作为演绎的元素融入设计之中。

通过精心计算的红白两色搭配的小巧型茶席设计

白色的矮桌上并未铺饰任何餐桌布，这样可以充分彰显它那带有光泽的质感。个人空间，以红色木制方盘为主，上面摆放着白色的宝瓶和茶器。茶托，选用了铝制素材。"白瓷的茶碗＋铝制的茶托"这一乍看上去并没有什么特别之处的组合，却创作出了时尚品茶这一崭新的观念。

四方形的直线构成，即使由正上方俯视，也具有完美的视觉效果。每一件器皿的形状，都极为简约质朴。其材质组成是漆器、白瓷、铝、土陶器、桐木、纸等，看起来也许有些散乱。然而，正是因为它们形状的简约，反而愈加突显出了各自材质的优良，形成了完美的时尚风格设计。

茶

选用了与豆馅果子相配的有着涩味的煎茶

水窪茶，是在静冈县天龙川上游的山间腹地生长的野生茶叶，具有山茶特有的强劲涩味和独特芳香。为了发挥它的特色，以强火来缩短蒸制时间，如此冲泡出来的茶呈金黄色。因其涩味较重，与薄皮豆馅糯米点心的"最中"算得上是最佳搭配。因其是在严酷环境下生长的野生茶叶，所以即便使用高温开水来冲泡也没有关系。

水窪/茶之叶

红白两色相配，时尚而又简约大气。

和果子·器皿

一直想取食的可爱的盒装果子

即便是略表心意的物品也很在意包装。当收到印有留言的和果子盒时，收到礼物的人的心灵会有所触动。

题词与整体设计意境最为契合的小木盒。

茶器

铝制的托盘上摆放着白色茶器组成时尚的色彩搭配

使用越简约时尚的器皿，越易了解茶色以及茶味。白色的茶杯突显出煎茶那金黄色的水色，让人在品尝之前就充满期待感。

也能作为点心盘使用的托盘。

以热茶和甜点，
悠闲度过冬至日的美好时光

一年之中白昼最短的一天——冬至。在这宝贵的冬日暖阳中，静静地品味热茶和甜点，度过悠闲的时光。阴极转阳之日，也就是"一阳来复（冬尽春来、否极泰来）"之时。以这一天为界，也被当作时来运转之时。

以自然素材强调温暖感
作为重点色的红色亦有驱邪消灾之意

很久以前，红色就被当作能够驱邪消灾的颜色。因此，冬至的餐桌上，也特意添加了红色元素。如盛放葛粉汤的木碗以及折叠餐巾制作成的筷子袋，都使用了朱红的色彩。葛粉汤以及年糕红豆汤等温热的甜品，还有一些单独包装尚未冲泡的料包，也一起放入竹篮里，可供客人们自由享用。

"到底选哪个好呢？……"似乎也能成为聊天时的话题。在此，选用了木材以及竹子等自然素材，悠闲地享受温暖祥和的午后时光。

在自然素材的竹篮里，装饰着鸡冠花和红辣椒。

茶

若想尽情饮用
可选用能够快速冲泡的
粉状煎茶

在此，使用的是粉状煎茶，寿司店所提供的多是这种煎茶。想要尽情饮用这种深绿色煎茶时，特别推荐。价格适中，十分适宜于日常冲泡饮用。因为是粉状茶叶，所以要使用极细的滤茶网。

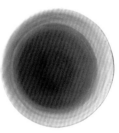

粉状煎茶

和果子·器皿

在此准备了与冬至相关的
柚子甜点以及能够暖身的和果子

木制的四角方盘中，盛放着蜜饯柚子和生姜糯米饼。"柚衣"（右侧上方照片最左），是在整个蜜饯柚子中，放入豆泥馅和红豆的和果子。红豆具有驱邪除魔之色，作为祈福消灾使用十分相宜。另外，还准备了葛粉汤等可驱寒暖身的甜品。

（上左起）柚衣（蜜饯柚子）/彩云堂、蜜豆葛粉汤/鹤屋吉信

茶器

想要尽情饮用
可使用大号的多用杯

粉末煎茶，其滤茶网最好放入茶杯的最底层，这样冲泡出的煎茶才会更加醇香。因此，选用了大号的多用杯。

这种多用杯，并不仅限于品茶时使用，还具备其他很多功能。

以和果子和日本茶
庆祝华丽而盛大的圣诞节

期盼已久的圣诞节到了。今年，与往年的品味风格稍作变换，别出心裁地以日本茶以及和果子来庆祝圣诞节如何？深蒸茶的绿色经过彩灯的映照，看上去分外闪耀，是无论何时都能够令人印象深刻的设计，圣诞快乐！

和果子摆放在了西点台架上，这样可供客人自由挑选。

茶席设计的要点

以白色和银色为基调，使用欧式餐具
展现和风与西洋风的混合式茶席设计

在水印花纹的提花针织餐桌布上，摆饰着银色托盘。而餐具选用了青白瓷的欧式风格，同时使用了意大利特浓咖啡杯以及黄油小碟。以和风与西洋风的混合式餐桌设计，庆祝圣诞夜。统一餐桌整体的色调，营造出雅致的印象。倒入绿茶的玻璃杯，映照着彩灯，闪闪发光，散发出清爽透亮的光芒。餐桌中央的点心托架下层，装饰着圣诞花环，上层摆放着以圣诞为主题的可爱和果子。烛台和点心托架已经体现出了较高的高度，因此花卉装饰特意设计为平面造型。

茶

以保持亮丽绿色的深蒸制法
制作出苦味和涩味较少的茎茶

若想用茶来展现圣诞色彩中的绿色，可选用能够保持亮丽绿色的深蒸茶。想在宴会上，尽力做到适合所有人的口味，就要选用没什么特点，苦味以及涩味较弱的茶。在此，选用了无论是用于凉茶还是热茶，都十分美味的"小笠茎50"。

小笠茎50/茶之叶

和果子·器皿

以圣诞节为主题的和果子
会成为大家聊天的话题

在正方形的铝制器皿上，摆饰着和三盆细糖制作的干果子。在巴黎购得的点心托架上层，摆放着圣诞老人以及圣诞树等以圣诞为主题的上等生果子。可以说，这些极为可爱讨喜的和果子，与装饰华丽的圣诞蛋糕相比毫不逊色。客人可依据自己的喜好，挑选品尝。

（左）圣诞节干果子/ITOEN
TEA GARDEN
（右）圣诞节生果子/
KITAYA六人众

茶器

选用了平时使用的
意大利特浓咖啡杯

这款意大利特浓咖啡杯，易拿且饮用方便，因此特别喜欢把它作为茶具使用。而且，还具有能够使人联想到雪色圣诞的清纯印象。

葡萄牙制瓷器。

◣ "最中"和果子 ◢

表皮与馅儿的质朴组合。店铺不同,和果子的形状亦是千姿百态。据说,这种"最中"原意是"秋季的最中",也有指代中秋明月之说。

神乐的古梅

制作成梅花形状的、一口大小的"最中"。/神乐坂 梅花亭

弥荣(京都地名)

仿照在日本最受喜爱的菊花样式,是虎屋常规出售的"最中"。红豆馅与薄皮达到了绝妙的平衡。/虎屋

玉兔最中

仿照玉兔讨喜可人样式的"最中"。里面裹着柚子馅夹心。/神乐坂 梅花亭

鮎鱼天妇罗最中

用菜油迅速煎炸一下制成小香鱼状表皮的"最中"。但却丝毫不会油腻,脆香可口。/神乐坂 梅花亭

蛇玉最中

仿照在金泽持续了380年以上的老字号传承徽章的样式。里面包裹着软糯滑腻的豆馅。/森八

百乐·粒馅

里面满满地填装着清淡爽口粒馅夹心。/鹤屋八幡

相国最中·栗子

所谓"相国",是中国古时的宰相之意。在此比喻以果子中最高水准为目标制作出的点心。/和果子 纪国屋

福海天平

中间夹放牛皮糖的豆馅,纯手工制作的"最中"。/玉屋

参考文献

- 日本茶の辞典. スタジオタッククリエイティブ

- 和多田喜. 今日からお茶をおいしく楽しむ本. 二見書房

- 日本茶の基本. エイ出版社

- 和菓子と日本茶の教科書. 新星出版社

- なごみ歳時記. 三浦康子監修. 永岡書店

- 山下景子. 美人の日本語. 幻冬舎

- 中山圭子. 事典和菓子の世界. 岩波書店

- 平野恵理子. 和菓子のこよみ十二ヶ月. アスペクト

图书在版编目（CIP）数据

四季和风茶席设计：茶与点心的风雅物语／［日］
浜裕子著；陈杨译．—北京：化学工业出版社，2016.10
ISBN 978-7-122-27953-8

Ⅰ．①四… Ⅱ．①浜… ②陈… Ⅲ．①茶文化-日本
Ⅳ．① TS971.21

中国版本图书馆CIP数据核字（2016）第 198683 号

OCHA TO WAGASHI NO TABLE SETTING by Yuko Hama
Copyright © Yuko Hama 2014
All rights reserved.
Original Japanese edition published by Seibundo Shinkosha Publishing Co., Ltd.

This Simplified Chinese language edition published by arrangement with
Seibundo Shinkosha Publishing Co., Ltd., Tokyo in care of Tuttle-Mori Agency, Inc.,
Tokyo through Beijing Kareka Consultation Center, Beijing

北京市版权局著作权合同登记号：01-2015-3662

责任编辑：林 俐　　　　　　　　　　　　　　　　　　装帧设计：尹琳琳

出版发行：化学工业出版社（北京市东城区青年湖南街13号　　邮政编码100011）
印　　装：北京瑞禾彩色印刷有限公司
880 mm×1230 mm　1/16　印张 8　字数 250千字　2016年9月北京第1版第1次印刷

购书咨询：010-64518888　（传真：010-64519686）　售后服务：010-64518899
网　　址：http://www.cip.com.cn
凡购买本书，如有缺损质量问题，本社销售中心负责调换。

定　价：68.00元　　　　　　　　　　　　　　　　　　版权所有　违者必究